尔雅通识
经典导读

尔雅通识经典导读

张轩中　赵峥　著

# 《时间简史》导读

四川人民出版社

**图书在版编目（CIP）数据**

《时间简史》导读/张轩中，赵峥著. —成都：四川人民出版社，2019.12

ISBN 978-7-220-11563-9

Ⅰ.①时… Ⅱ.①张… ②赵… Ⅲ.①宇宙学－普及读物 Ⅳ.①P159-49

中国版本图书馆 CIP 数据核字（2019）第 253548 号

本书由超星公司资助出版

SHIJIAN JIANSHI DAODU

**《时间简史》导读**

张轩中　赵　峥　著

| | |
|---|---|
| 责任编辑 | 王其进 |
| 责任校对 | 郭明武 |
| 版式设计 | 戴雨虹 |
| 封面设计 | 李其飞 |
| 责任印制 | 祝　健 |
| 出版发行 | 四川人民出版社（成都槐树街 2 号） |
| 网　　址 | http://www.scpph.com |
| E-mail | scrmcbs@sina.com |
| 新浪微博 | @四川人民出版社 |
| 微信公众号 | 四川人民出版社 |
| 发行部业务电话 | (028) 86259624　86259453 |
| 防盗版举报电话 | (028) 86259624 |
| 照　　排 | 四川胜翔数码印务设计有限公司 |
| 印　　刷 | 成都国图广告印务有限公司 |
| 成品尺寸 | 150mm×230mm |
| 印　　张 | 15.75 |
| 字　　数 | 183 千 |
| 版　　次 | 2019 年 12 月第 1 版 |
| 印　　次 | 2019 年 12 月第 1 次印刷 |
| 书　　号 | ISBN 978-7-220-11563-9 |
| 定　　价 | 50.00 元 |

# 总　序

通识教育是现代高等教育的一个有机组成部分。现代社会的一个基本特征是，社会分工越来越细，专业化程度越来越高。专业分工的好处是能够提高生产效率，拓展每个领域的研究深度。而专业分工也会导致相应的问题：专业壁垒越高，专业之间的交叉融合就越难；专业能力越是被强调，人的全面发展就越可能被忽略。面对专业化导致的问题，世界一流大学普遍采取通专融合的人才培养模式以为应对。不同国家不同高校的做法容有差别，希望从整体上拓展大学生的知识和思想视野，却是现代高等教育的共同愿景。

出版于1945年的《哈佛通识教育红皮书》（General Education in a Free Society，1945）颇为有名，时任哈佛大学校长科南特在这本书的序言中写道："通识教育问题的核心在于自由传统和人文传统的传递。无论是单纯的信息获取，还是具体技能和才干的发展，都不能给予我们维系文明社会所必需的广泛的思想基础。……真正有价值的教育，应该在每个教育阶段都持续地向学生提供价值判断的机会，否则就达不到理想的教育目标。除非他们在生活中感受到了这些具有普遍意义的思想和理想的重要性——这些是人类生命深刻的驱动力，否则他们很可能作出盲目的判断。"科南特在这段话中特别强调，通识教育对于价值判断的思想奠基具有不可替代的作用。二战结束时出版的这本名著充分表达了科南特的担忧：仅有专业技能方面的训练，人很容易在自己的创造物中迷失——世界大战是人类集体迷失的悲剧后果。

稍早几年，面对深陷战火的同胞和山河破碎的中华大地，钱穆也说："今日国家社会所需者，通人尤重于专家。……学者不见天地之大，古今之全体，而道术将为天下裂。"（《改革大学制度议》，1940）钱穆固然知道专业人士的重要性，知道现代中国的富国强兵离不开科技人才，可他特别关心的却是中华文明的延续和中国文化的传承问题。无论科南特和钱穆对时代问题的理解有怎样的差异，在他们眼中，塑造共同的价值和接续伟大的传统，都是通识教育应该担负的责任。在他们看来，通识教育的意义绝不仅仅限于提供常识。通识教育之"通"，在于协调专业与见识，整合技能与思想，最终达到以器载道的目的。孔子在《论语》中有"君子不器"之说，即为此意。是的，青年学子需有兼济天下的家国情怀，以成其博学笃志的君子气象。

逝者如斯，不舍昼夜，人类历史翻开了新的篇章。公民精神与文化传承仍然是通识教育的核心关切，而新的时代要求也赋予了通识教育新的内涵。这个时代是鼓励创新的时代，科技、思想、文化创新层出不穷。发展创造力，是高等教育的必然关切。专业教育如此，跨学科的通识教育更要埋下创造的种子。通识教育为年轻心灵注入的潜在的创造能量，终将在他们的人生路上被激活。我们也面临与前人一样的社会整合和文化传承的问题，但移动互联、大数据、消费主义、人工智能才是这个时代的流行符号。

　　理论上讲，凡能表达为形式化语言的知识都可被人工智能掌握。自有文明以来，人类第一次面临来自自己的创造物的挑战。我们尚不知道人工智能与生物智能在未来会有怎样的融合，就像不知道未来的文明会有怎样的结构和意义。正因为如此，保持并发展不会被人工智能替代的创造力，很可能是人类自我救赎的唯一道路。然而，创造就像在沼泽中行走，踩到的是无所不在的不确定性。创造是新时代的魔咒，也是人类无法回头且没有尽头的未知远征。也许有一天，人类会遭遇创造物的颠覆性创新。那个时候，机器也许会通过自己的意识推导出"我思故我在"，从而证明自己有资格与历经千百万年自然进化的人类享有对等的地位。也许，机器根本没有那样的诉求，反倒是人类有那样的诉求而不被机器所接受。也许，人类与机器能够和睦相处，并携手将人类改造成今天的我们尽最大的想象也无法理解的半人半神的样子。这些令人感到陌生、向往或恐惧的可能性，已经被各类科幻作品演绎得淋漓尽致。面对那样的未来，今天的我们应该如何作为，培养未来人才的通识教育又该如何应对？

　　以开放的胸襟直面人类的现实和可能的未来，符合通识教育的价值观。点燃好奇心，拓展想象力，培养超越狭小自我的对世界的真切关怀，正是通识教育的目标。在不断突破狭小自我的过程中，人成长为顶天立地的"大人"。这样的人不拒绝简单的快乐，但也不会在感官快乐中迷失。因为他们发现了比快乐更丰厚的存在样态。生命中有太多重要的东西，难以用快乐的强度或持续度衡量。这个道理容易被人的苦乐敏感性遮蔽，特别是在消费主义时代，"五色令人目盲，五音令人耳聋……难得之货令人行妨"。真正威胁今天人类的，也许不是未来的人工智能，而是即时行乐的感官主义。

过去，人类的一个重要威胁来自于自我膨胀变身为利维坦的公权力。奥威尔在《1984》的反乌托邦寓言中，描绘了以"自由即奴役""无知即力量"为真理的极权主义的荒谬。在奥威尔的世界里，黑白被模糊了，真假被混淆了，善恶被颠倒了。"老大哥"无所不在，监控着每一个人，从身体到灵魂，从现实到梦想。那个世界有不允许怀疑的绝对真理，却没有洋溢自由精神的通识教育；那个世界有定于一尊的权威和被强迫的忠诚，却没有阅读和批判性思考。也许奥威尔的世界并不是最可怕的，毕竟其中的人们还知道害怕。相比之下，赫胥黎的"美丽新世界"则更加荒谬。在那个世界里，人们只知快乐，不知其他。关键是，人们的快乐总能够通过高科技手段被满足。在赫胥黎的世界里，快乐是赤裸而真实的，人们没有动力跳出自己的世界。正因如此，我们的恐惧才大于他们的快乐。两个世界的人都不读书——奥威尔的世界无书可读，赫胥黎的世界不知有书。

波兹曼在他的名著《娱乐至死》中这样写道："奥威尔害怕的是那些强行禁书的人，赫胥黎担心的是失去任何禁书的理由，因为再也没有人愿意读书；奥威尔害怕的是那些剥夺我们信息的人，赫胥黎担心的是人们在信息的汪洋中变得日益被动和自私；奥威尔害怕的是真理被隐瞒，赫胥黎担心的是真理淹没在无聊烦琐之中；奥威尔害怕的是我们的文化成为受制文化，赫胥黎担心的是我们的文化成为充满感官刺激、欲望和无规则游戏的庸俗文化。……简而言之，奥威尔担心我们憎恨的东西会毁掉我们，而赫胥黎担心的是，我们将毁于我们热爱的东西。"波兹曼认为传媒不是中性的，视频技术的出现使人们沉溺于被动的观看，而不再适应主动的阅读。观看视频使人放松，因此视频里的快乐元素会越来越多。视频图像会以其丰富性窒息符号构成的想象世界，从而将阅读和思考挤出人们的日常生活。世界将在信息爆炸的消费主义时代被娱乐化和碎片化，人们再也没有阅读的时间和思考的愿望。《娱乐至死》出版于电视流行的1985年，那时还没有智能手机。看看三十多年后的今天吧——波兹曼的担心是不是已经成为了现实？

波兹曼是一个了不起的先知，但他似乎过于乐观地在《1984》和《美丽新世界》之间作出了选择。也许，奥威尔的世界与赫胥黎的世界会在人类历史某一段扭曲的时空里发生叠加，产生只容许快乐正能量的极权主义。在那样的社会，政治正确由快乐和快乐的传播来定义。反思快乐，洞悉快乐的根源和意义的边界，在政治上是危险的。快乐的正能量就像一张无所不在的天网，监控着每一个不快乐的人。谁要试图穿透快乐的表象去捕获人性、历史和现实的真相，谁就是罪人。避免堕入快乐的恐怖主义，唯一的办法是发展慎思明辨的理性能力，并将这种能力转换为社会整合的价值基础。时代虽然不同，我们穿越回奥威尔创作《1984》的年代，看到科南特和钱穆正是从这个维度思考通识教育的目标和意义的。

"尔雅通识经典导读"就是要帮助人们通过阅读，进入那些难以用快乐来衡量的丰厚思想。"尔雅通识教育"是超星集团旗下的一个在线教育品牌，每年为数百万高校学生提供优质的在线课程。丛书编委会邀请各个领域的名师大家参与撰著，赋予这套丛书如下特色：第一，丛书作者皆为"尔雅"名师，广受学生好评，所开课程少则数万多则数十万人在线选修；第二，每一本书都配有一门在线课程，可在"学习通"App上观看，这种"一书一课"的模式属国内首创；第三，这套丛书在规划之初即考虑到全国中小学教师的阅读需求，有助于这一肩负民族未来的特殊群体增强教书育人的诗外功夫；第四，丛书作者皆为知名教授，执教于北京大学、清华大学、复旦大学、中国人民大学、中山大学、四川大学、北京师范大学、同济大学等知名学府，以大家著小书，重新定义这个时代的通识教育。

温文尔雅，读经典上下五千年；博学通识，思天地日行八万里。是为序。

刘 莘
2019 年 6 月

# 【序　言】

霍金是当代最伟大的物理学家之一，他身残志坚，不屈不挠，为时空理论的研究做出了重大贡献，也为向普通民众宣传爱因斯坦的相对论做出了重大贡献。他的《时间简史》一书被翻译成各种语言文字，享誉全球。

霍金对黑洞的研究做出了三个重大贡献。第一个贡献是和数学物理学家彭若斯一起证明了奇点定理。他们把时空中的奇点解释为时间开始和结束的地方。时间有没有开始和结束，自古以来就是极少数聪明人（哲学家和神学家）探讨的课题，这次物理学家插足了这一领域：霍金和彭若斯证明，只要爱因斯坦的广义相对论正确，因果性成立，时空中能量非负，并至少存在一点点物质，那么就至少有一个物理过程，它的时间有开始，或者有结束，或者既有开始又有结束。当前对这一定理的深刻哲学意义和物理意义还有不同的认识，有待进一步研究。

第二个贡献是证明了黑洞的面积定理。这条定理说，经典黑洞的表面积随着时间的进展，只能增加不能减少。美国物理学家贝肯斯坦据此把黑洞表面积与热力学中的熵联系起来，认为面积定理就是热力学第二定律（熵增加原理）在黑洞物理学中的表现。面积定理的一个推论是，一个黑洞不能分裂成两个，但两个黑洞可以合并成一个。这一推论，已经应用于近年来引力波的直接探测。

第三个重要贡献是证明了黑洞不是一颗死亡了的星，它有温度，有热辐射。这一发现被学术界称为霍金辐射。几乎与此同时，加拿大物理学家安鲁发现，在真空中做匀加速直线运动的观测者，会觉得自己处于"热浴"之中，感受到与加速度成正比的温度。后来又认识到，安鲁的发现与霍金辐射有相同的本质。因此这两个效应又被合称为霍金—安鲁效应。

霍金还对宇宙学的研究做出了贡献。他质疑了红极一时的稳恒态宇宙模型，对存在时空隧道和制造时间机器的可能性进行了探讨，并试图提出无边界的"虚时宇宙"模型，来避开宇宙的大爆炸奇点。

霍金对黑洞和宇宙学的研究，揭示了万有引力效应（时空弯曲）与热效应之间，可能存在着极为深刻的本质联系。这些发现的深远意义也许要到几十年之后才能为学术界所理解。

霍金在《时间简史》一书中，对时空理论和宇宙观念做了精彩的论述，也阐述了他自己在这一领域的重大贡献。

为了使《时间简史》一书的读者，能够更容易理解霍金的思想和他阐述的科学内容，我和科普作家张华（笔名张轩中）一起，联手写了这一本《导读》，逐章对《时间简史》一书的内容进行解释和说明。

《时间简史》中文版的译者吴忠超教授，是笔者大学时代的同学。他在霍金教授的直接指导下获得了博士学位，此后他继续参与时空理论的研究，并一直与霍金保持着联系，直到霍金去世。因此，他对霍金的学术思想和生活经历有着深入的了解。他和他的合作者及他的夫人还翻译了《时间简史续编》《皇帝新脑》《霍金讲演录》《时空本性》《果壳中的宇宙》《无中生有》《大设计》等许多霍金和彭若斯的优秀著作，为爱因斯坦的时空理论在中国的普及传播做出了重要贡献。

笔者曾追随我国著名相对论专家刘辽教授学习广义相对论和黑洞理论，还曾向梁灿彬教授学习整体微分几何描述下的相对论，因而对霍金的时空理论能有所了解及研究。

刘辽先生曾在1957年被错划为右派，他在苦难中不屈不挠艰苦奋斗，终于对中国的广义相对论研究和普及做出了重要贡献。我在此对他表示深刻的怀念和敬意。

我的合作者张华是优秀的科普作家，曾是北师大广义相对论专业的研究生。他对霍金的科研工作有深入的理解，而且文笔优秀。能和他一起合写此书，我感到十分愉快。

笔者在此感谢"超星尔雅"的编辑李艳杰、谢影及四川人民出版社的合作。

赵　峥

2019.5.15

目
录

目
录

目　录

目
录

# 第一章

# 我们的宇宙图像是怎样的？

### 1.1　从中心火到地心说

什么是宇宙？中国古代有一句话，"四方上下曰宇，古往今来曰宙"，这句话见于《淮南子·原道篇》中高诱加的注。按照这句话的意思，宇就是空间，宙就是时间。我们今天所说的宇宙，是时间、空间及在其中运动的所有物质的总称。中国古代对宇宙、天地的认识，大体上是天圆地方的观念。不过，在汉代也曾出现过"地如卵黄"的观点，有些类似于西方的"地心说"。

早在公元前500多年（相当于我国的春秋时期），古希腊学者毕达哥拉斯（Pythagoras）就提出了一个比较科学的宇宙模型——中心火模型。毕达哥拉斯是著名学者泰勒斯（Thales）的学生。泰勒斯早年曾在两河流域（即今天的伊拉克、叙利亚地区）学习过数学和天文学。当时，那里是世界科学和人类文明的一个中心。泰勒斯回到希腊后做出了一个惊人之举,在公元前584 年,他成功地预报了日全食。可以想象,这一事件给当时的社会造成了多大的震动。泰勒斯不仅是卓越的天文学家,也是卓越的数学家,他首先提出"等腰三角形的两个底角相等""直径上的圆周角是直角"等结论。

毕达哥拉斯继承和发展了老师的学问。在数学上他以著名的"毕达哥拉斯定理"而享誉全球。这一定理在我国称为勾股定理,但勾股定理是公元前 100 年左右(汉武帝时期)才提出来的,比毕达哥拉斯晚了 400 年。不过,这个定理在中国又称为"商高定理",古代文献中提到"周公问商高"谈到了这个定理的内容。这位商高应该是商末周初的一位"高人"。所以这个传说中的事情应该发生在公元前 1000 年之前,比毕达哥拉斯要早很多。然而,研究表明,巴比伦人早在公元前 1800 多年就已在使用这一定理,比商高又早了差不多 800 年。不过,重要的是,不论巴比伦人、商高,还是"勾三股四弦五"的提出者,都只是在使用这一定理,并未给出定理的证明。最早给出定理证明的是毕达哥拉斯。此外,毕达哥拉斯还最早证明了三角形三内角之和是 180度。他不仅是卓越的数学家,也是卓越的天文学家和哲学家。他最早认识到大地是一个球,并进一步提出了第一个有一定科学性的宇宙模型:中心火球模型。

毕达哥拉斯认为宇宙中最圣洁的东西是火,火应该位于宇宙的中心。我们的地球、太阳、月亮和金木水火土五颗行星,都镶在透明的天球上,围着中心火转动。这 8 个天体再加上中心火一共是 9个。毕达哥拉斯认为最完美的数字是 10,而不是 9。所以,他推测还存在一个叫"对地"的天体,也在围着中心火转动。我们的地球、太阳、月亮和5颗行星都位于中心火的一侧，而"对地"则位于另一侧。由于人类生活在地球表面上背对"中心火"和"对地"的一面，所以人类从来没有见过"中心火"和"对地"。

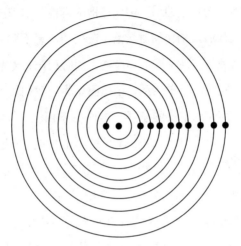

中央为中心火，从内到外分别为
对地、地球、月亮、太阳、水星、
金星、火星、木星、土星和恒星天

图1-1　中心火模型

200多年后，古希腊的另一位学者亚里士多德（Aristotle）对"中心火模型"提出了挑战。亚里士多德是著名哲学家柏拉图（Plato）的学生，柏拉图则是杰出思想家苏格拉底（Socrates）的学生。苏格拉底在接收柏拉图做学生的前一天晚上，做了一个梦，梦见一只羽翼未丰的小天鹅，落在了自己的膝盖上，很快就变得羽翼丰满，然后唱着优美动听的歌飞上了蓝天。第二天，他就见到并接收了柏拉图这个学生。

苏格拉底不仅是卓越的思想家，也是卓越的雄辩家，主张批判性思维。他的政敌对此十分恐惧，给他扣上"无神论"的帽子（这在当时是极大的罪状了），把他判处死刑。他勇敢地面对死亡，喝下了毒酒。后来流传下来的《苏格拉底言论集》不是他本人写的，而是他的弟子整理其言论而成。这一点很像我们的《论语》，并非孔子本人执笔，而是他的弟子们回忆他的言论，整理出来的。

苏格拉底死后，柏拉图对政治十分失望，想不到号称民主政体的雅典也这么黑暗。他从此远离政治，周游列国，专心搞学问，终于建立起一套完整的哲学体系。柏拉图认为，我们接触到的万事万物都不是真实存在的本质的东西。本质的东西是一个叫作"理念"的抽象的东西。我们看到的万事万物都不过是"理念"的影子。"理念"完美而"永恒"，万物则是不完美的、会变化、会腐朽的。为了描述万物的变化，造物主又给"永恒"创造了一个动态的相似物，那就是"时间"。从今天的观点看来，柏拉图是一个唯心主义大师。然而，他是第一个建立完美哲学体系的学者，因而受到哲学界的高度评价，有人认为他是整个哲学的"祖师爷"。

亚里士多德是柏拉图最优秀的学生，但却不是老师学术的最好继承人。亚里士多德在掌握了老师的学问之后，突然得出了一个革命性的结论：老师的哲学体系有问题。他认为，我们谁也没有见过"理念"，所以不应该承认"理念"的存在。我们看到的万事万物才是真实的、真正存在的东西。他把老师的哲学体系倒了过来。他强调观察，他认为，对于看不见摸不着的东西都不应该承认它的存在。如此看来，亚里士多德是一个唯物主义哲学家。

亚里士多德用自己的唯物主义观点去看待毕达哥拉斯的中心火模型。他认为，谁也没有见过"中心火"，也没有见过"对地"。这两样东西应该不存在，那么位于宇宙中心的是什么呢？他认为，我们每天看到日、月和诸星东升西降（周日运动），看来我们的地球才应该是宇宙的中心。于是他扬弃、升华了毕达哥拉斯的"中心火"模型，把它改造成"地心模型"。在这个新的宇宙模型中，地球位于宇宙的中心。太阳、月亮和金木水火土5颗行星以及所有的恒星都镶在各自的透明天球上，这些天球依次为月亮天、水星天、金星天、太阳天、火星天、木星天、土星天和恒星天。最外面还有一个水晶天，又称原动天，上面生活着一位"第一推动者"（即上帝）。他推动恒星天转动，恒星天带动土星天，土星天带动木星天……于是所有的透明天球就都围绕地球转动起来。

　　到了公元100多年（相当于我国东汉时期），生活在埃及地区的希腊学者托勒密（Claudius Ptolemaeus）又把亚里士多德的地心宇宙模型发展成能够更完美地预测天体运动的地心说。后来，这一学说受到了天主教会的支持，得以广泛传播并延续下来，统治人类文明几乎1500年。

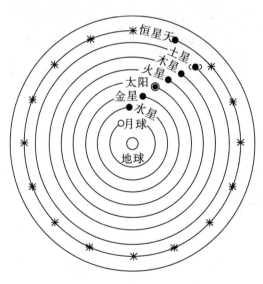

图1-2　地心宇宙

然而，为了更精确地描述和预测天体在天空中的运动，就不得不把地心模型进一步复杂化。这时有人建议修改地心宇宙模型，让水星和金星绕着太阳转，太阳带着水星和金星与其他几颗行星以及月亮一起绕着地球转。这个修改后的地心宇宙模型，确实比原来的模型有较大的进步，但是仍然没有从根本上解决问题。

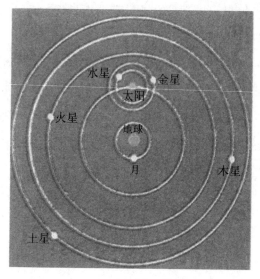

图 1-3　修改后的地心宇宙模型

### 1.2　日心说

　　提出革命性学说的是波兰天文学家哥白尼（Nicolaus Copernicus）。他是一位教士，在钻研神学的同时也钻研天文学和医学。他知道改进后的地心模型，也知道古代毕达哥拉斯的中心火模型，还知道古希腊曾经出现过阿里斯塔克的日心说（这个日心说由于很少有人相信，早已被人们忘记）。哥白尼想，太阳不就是一个大火球吗？他仔细研究后发现，如果让太阳取代中心火的位置，一切就变得简单、清晰多了。哥白尼十分兴奋，他深知自己这一发现的深远意义，但也考虑到由于地心说得到教会的支持，自己提出日心说会十分危险。所以他迟迟不敢公开发表自己的学说，直到临终前才决定发表。为了避免教会的迫害，他在书的扉页上写，他把此书"献给最神圣的教主——保罗三世教皇陛下"。一开始，教会确实没有意识到哥白尼日心说对自己的威胁，没有立刻禁止这本书的发行。不过，很快教会就发现了这一学说对自己的不利影响，于是宣布这本书为禁书，禁止在学校里和社会上传播哥白尼的日心说。

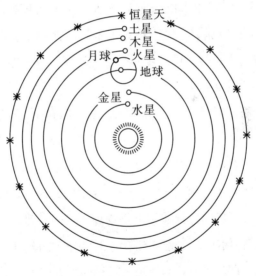

图 1-4　哥白尼的日心说

布鲁诺、伽利略和开普勒都对日心说做了宣传和发展。布鲁诺（Giordano Bruno）是神学院的学生，从教会内部了解到教会的黑暗。他一见到哥白尼的学说就如获至宝,到处宣传,而且他口才极好,给教会造成了很大威胁。他还进一步发展了哥白尼的观点,他认为恒星都是遥远的太阳,宇宙是无限的。这一看法已经十分接近今天人类的宇宙观。在哥白尼的日心模型中,在恒星天的外部仍然存在上帝居住的地方——原动天。在布鲁诺的模型中,原动天没有了,宇宙是无限的,恒星都是遥远的太阳。那么上帝生活在哪里呢?教会十分痛恨布鲁诺,多年后终于抓住了他,判处他火刑。布鲁诺勇敢地走向刑场,并对教会人士宣称:"你们比我更恐惧。"

伽利略(Galileo Galilei)不仅相信和宣传哥白尼的日心说,还制造了第一架天文望远镜,看到了太阳黑子和月亮上的环形山,让人们认识到原来以为非常圣洁的太阳和月亮,其实都不"完美",都有"缺陷"。他还看见了木星的四颗卫星和土星的光环。木卫围着木星转,俨然像一个小太阳系,伽利略觉得这是对哥白尼日心说的支持。

与伽利略同时代的开普勒(Johannes Kepler)不仅相信和传播哥白尼的日心模型,还进一步提出行星运动的三条定律。第一定律指出,行星绕日运动的轨道不是正圆,而是椭圆,太阳位于椭圆的一个焦点上。第二定律指出,在相同时间内,行星矢径扫过的面积相等(第二定律实际上是物理学中角动量守恒定律的表现)。第三定律给出了行星到太阳的距离分布的规律,指出行星绕日运动的周期的平方,与轨道半长轴的立方成正比。

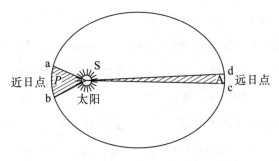

图1-5 开普勒第一定律和第二定律

开普勒三定律完全弄清了行星绕日运动的规律。开普勒被誉为"行星运动的立法者"。这三条定律不仅对日心说给出了正确的定量描述，而且为牛顿万有引力定律的提出做好了准备。

第一位对物理学做出重大贡献的人是伽利略。他强调实验，强调测量，使物理学成为一门"实验的科学""测量的科学"。伽利略可以看作物理学的开山鼻祖，他使物理学真正成为一门科学。伽利略生活在人类思想大解放的文艺复兴时期。在他出生的1564年，莎士比亚出生在英国。同一年，著名的意大利艺术家米开朗琪罗逝世。伽利略对物理的贡献很多，下面我们简单介绍他对物理学基础做出的三个重要贡献。

第一个贡献是重申了惯性定律：一个不受力的物体，将保持原来的静止或匀速直线运动的状态。在古希腊时期，已经有人阐述了惯性定律的思想。比如，公元前400年左右，德谟克里特（Democritus）就指出：虚空中运动的原子，由于没有阻力，将一直等速地运动下去。然而后来由于亚里士多德观察不细致而得出错误结论，以为"力是维持物体运动的原因"，把原来正确的思想搞乱了。伽利略通过斜面实验，指出维持运动不需要力，从而重申了惯性定律。伽利略的第二个重大贡献是创立了"相对性原理"。他指出，力学规律在所有惯性系中都相同。不可能用任何力学试验来判定参考系是处在静止状态还是在做匀速直线运动。伽利略的第三个贡献是得出了自由落体定律。我们将在第二章中详细介绍这一贡献对物理学的影响。

1642年对于物理学来说是十分重要的一年。这一年伽利略逝世，牛顿（Isaac Newton）出生。牛顿建立起了经典物理学的大厦。他在巨著《自然哲学之数学原理》一书中，陈述了他的绝对时空观、相对性原理、力学三定律和万有引力定律。

从牛顿的力学三定律和万有引力定律可以推出开普勒三定律。历史上，牛顿首先从大量观测中认识到任何两个物体间都存在相互吸引的力，这种力是普适的：太阳吸引地球的力，地球吸引月亮的力，地球吸引苹果使之落地的力可能是同一种力。这是一种万有的力。他和胡克（Robert Hooke）又分别独立地认识到，从开普勒第三定律可以反推出这种力是和"物体间距离的平方成反比的"。牛顿又进一步证明，这种和距离平方成反比的力，可以保证行星绕日运动的轨道是椭圆，保证开普勒第一、第二定律成立。最后，牛顿明确提出了万有引力定律的正确而完美的表述。

牛顿力学建立起来之后，太阳系中的天体运动规律就基本搞清楚了。与此同时，天文观测和哲学与物理的思考，也使得人们对更辽阔的宇宙有了比较科学的认识。

## 1.3 宇宙和时间的创生

天文观测逐渐证实，布鲁诺认为恒星是遥远的太阳的猜测是正确的。我们看到的银河，是上千亿颗恒星组成的星系，观测表明，宇宙中存在大量的类似的银河系（星系）。天文学家逐渐建立起多种测量恒星和星系离我们的距离的方法。一开始用几何三角法，后来又发展起各种光学方法，从而可以测量恒星和星系的大小，以及它们离我们的距离。观测表明，从地球上看，各个方向上星系的分布密度差不多，远方和近处的分布密度也差不多。物理学的研究告诉我们，光速不是无穷大，光的传播需要时间。太阳光传播到地球需要 8 分钟，所以我们看到的太阳是 8 分钟前的太阳。天狼星距离我们 8.6 光年，这就是说天狼星发的光传播到地球需要 8.6 年时间，所以我们看到的天狼星是它 8.6 年前的样子。它如果现在爆炸了，我们 8.6 年后才会观察到它的爆炸。因此，望远镜在看远方的同时，也是在看历史。我们看到远方星系的分布密度和近处星系的分布密度差不多，这说明宇宙中星系的密度现在和过去似乎差不多。星系的分布不仅现在是均匀各向同性的，而且过去也是均匀各向同性的。观察告诉我们，远方星系的物理状态与近处的星系差不多。这似乎又告诉我们整个宇宙中恒星和星系的分布不仅密度差不多，而且它们的物理状况也差不多。

人们在很长时间内都没有意识到宇宙有可能是变化的，例如有可能是膨胀的或者脉动的（即涨缩交替的）。人们在潜意识里觉得宇宙从大尺度上讲，是不变化的。这种潜意识似乎表明宇宙是没有演化的。《圣经》告诉我们，人类和世界都是上帝创造的，也就是说，整个宇宙都是上帝创造的。如果宇宙没有演化过程，那么宇宙现在的样子就应该与上帝创造它的时候相同。

那么，上帝是在什么时候创造宇宙的呢？中世纪时候，经过圣·奥古斯丁（Saint Aurelius Augustinus）的研究，天主教会认为宇宙是在公元前 5500 年被上帝创造出来的。新教诞生的时候，马丁·路德（Martin Luther）把这一创世的时间修正为公元前 4000 年。后来开普勒又发现，以前认为的耶稣诞生的时间有误，耶稣实际上诞生于公元前 4 年，于是他就把上帝创造世界的时间修正为公元前 4004 年。此后，经过英国圣公会大主教、圣经编年史权威乌塞尔（James Ussher）的仔细研究，上帝创世的时间终于被精确地确定在公元前 4004 年 10 月 22 日晚上 8 点。

当然，"创世"的这一时间很难让人信服。不过，虽然人们对创世的具体的时间很难达成共识，但天主教会认为肯定有一个创世的时刻，上帝就在这一时刻创造了世界，创造了宇宙。这就是说，我们的宇宙有一个开始的时刻，创生的时刻，那就是上帝创造它的时刻。

一些具有批判性思维的人，往往会向神学家提出这样的问题："上帝在创造世界之前，他在干什么呢?"这个问题极难回答，《圣经》上没有说，神学家们也不敢乱说，于是有些愤怒的神学家威胁提问的人："上帝给敢于问这种问题的人准备了地狱!"不过，敢于问这种问题的人往往不相信上帝和教会，当然也不怕这种威胁。圣·奥古斯丁是个有学问的人，他给出了巧妙的回答："上帝生活在时间之外，他在创造世界的同时，创造了时间。"这就是说，时间和宇宙一样都是上帝创造的，时间是和宇宙同时诞生的。在宇宙诞生之前根本就没有时间，所以不要乱问了。

### 1.4 膨胀的宇宙

奥古斯丁认为"时间"和"宇宙"同时诞生的观点，已经非常接近现代的宇宙观和时间观了。20世纪初，天文观测发现，河外星系（我们银河系之外的其他星系）的光谱有红移或蓝移。我们知道，每种元素的原子都有自己的特定的光谱线。化学家经常利用光谱线来进行化学分析，以弄清组成物质的元素有哪些，含量各有多少。令天文学家惊奇的是，遥远星系中原子的光谱线会与我们地球上同种原子的光谱线出现差异，同一根光谱线的波长会变长（红移）或变短（蓝移）。大家立刻想到了多普勒效应。

物理学家早就发现了波源的运动会使波的波长变长或变短。以声学为例，向着我们跑来的声源，它发出的声音的波长会变短，远离我们运动的声源发出的声音的波长则会变长。人们都知道，一个站在路边的人，会觉得迎面开来的火车的汽笛声十分刺耳（声波波长变短，频率变大），而当火车掠过我们身边飞驰而去的时候，我们会觉得汽笛声一下子就变得柔和了（声波波长变长，频率变小）。光学中也存在类似的多普勒效应。当光源朝向我们运动时，光谱线的频率会变大（波长变短），光的颜色会稍稍变蓝（蓝移）。当光源远离我们运动时，则会出现红移，频率减小，波长变长，颜色变红。

河外星系的红移是在1912年发现的，后来又发现有少数河外星系有蓝移。天文学家认为这是多普勒效应造成的，产生红移时星系正在远离我们，产生蓝移的星系正在向我们靠近。天文学家研究表明，宇宙中的星系有成团现象。由几十个星系组成的团叫星系群，几百上千个星系组成的团称为星系团。这些团（或群）中的星系都在围绕它们的质心转动，用牛顿的万有引力定律和力学三定律就能得出比较好的解释。观测表明，产生蓝移的星系很少，而且都位于我们银河系所处的"本星系群"中。绝大多数河外星系都出现红移，而且，离我们越远的星系红移量越大。这似乎告诉我们，绝大多数星系都在远离我们，而且离我们越远的星系，逃离我们的速度越快。1929 年，美国天文学家哈勃（Edwin Powell Hubble）根据大量观测数据得出一条定律（哈勃定律）：

$$V = HD \qquad (1.1)$$

D 是星系离我们的距离，V 是星系逃离我们的速度，这个速度是根据星系的红移量，用多普勒效应的公式推算出来的。H 是一个常数（这个常数一开始被叫作哈勃常数，但后来科学家发现这不是一个真正的常数，而是随着时间变化的，所以叫作"哈勃参数"）。上式表明远方星系逃离我们的速度与它离我们的距离成正比。哈勃用自己的姓的第一个字母 H 来表示这个比例常数。

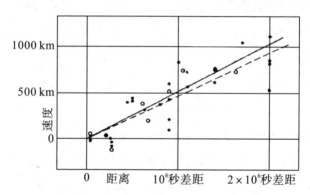

图 1-6　哈勃定律（哈勃最早给出的图）

哈勃定律的得出，是宇宙研究的一个重要里程碑。它告诉我们，宇宙中的星系原来似乎相距很近，后来才逐渐分离而且越来越远。这暗示我们，宇宙似乎在膨胀。

宇宙在空间上是有限的还是无限的呢？这个问题从布鲁诺时

代就已提出。布鲁诺首先提出宇宙无限的观点。反对他的人质疑说："宇宙怎么可能是无限的呢?"这个问题很难回答。布鲁诺则反问："宇宙怎么可能是有限的呢?"这个问题同样也很难回答。如果宇宙有限,宇宙之外又是什么呢?这个问题更难回答。

如果宇宙在空间上是无限的,那么无穷多的星体和星系相互间的万有引力,不会使它们聚在一起,甚至缩成一个点吗?如果这些恒星都永远存在,永远发光,难道它们不会把宇宙照得像白天一样明亮吗?为什么我们看到的星空背景是黑暗的呢?上述这些问题,都只能随着科学的发展来逐步解决。下面我们将看到,爱因斯坦的相对论提出来之后,这些问题得到了进一步的回答。

# 第二章

# 空间和时间到底是什么？

## 2.1 牛顿的绝对时空观

牛顿认为存在绝对的空间和绝对的时间。他在《自然哲学之数学原理》一书中写道："绝对的空间，就其本性而言，与任何外部事物无关，它总是相同的和不可动的。相对空间是绝对空间的某个可动的部分或量度……绝对的、真实的和数学的时间自身在流逝着，而且因其本性均匀地、与任何外部事物并不相关地流逝着，它又可以叫作绵延（延续性）。相对的、表观的和普通的时间是绵延的一种可感知的、外部的（无论是准确的还是不均匀的）借助运动来进行的量度，我们通常就用它来代替真实时间：例如一小时、一个月、一年。"

牛顿认为绝对空间和绝对时间是客观存在的，与物质和运动无关，相互之间也无关。万事万物都在这空虚的绝对空间内，在均匀流逝的绝对时间中，永恒地运动和变化。物质如果消失了，空间和时间会独立存在。

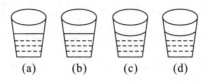

(a)　　(b)　　(c)　　(d)

图 2-1　水桶实验

　　牛顿曾经用"水桶实验"论证过绝对空间的存在。牛顿设想有一个桶，里面装了大半桶水。刚开始时，桶和水都静止，这时水没有受到惯性离心力，水面是平的（图 2-1，a）。然后让桶以角速度 ω 转动，由于桶壁的摩擦力不大，所以刚开始时桶转水不转，水面仍然是平的（图 2-1，b）。后来水被桶带动起来，与桶一起以角速度 ω 转动，这时水面呈现凹形，这表明水受到了惯性离心力（图 2-1，c）。此时如果突然让桶静止，水不会马上停下来，仍以角速度 ω 转动，这时水面仍是凹的，表明它受到惯性离心力（图 2-1，d）。牛顿分析这个水桶实验时说，第一种情况和第三种情况，水相对于桶都静止，但第一种情况水没有受到惯性离心力，第三种情况水受到了惯性离心力。第二种情况和第四种情况，水相对于桶都在转动，但第二种情况水没有受到惯性离心力，第四种情况水受到了惯性离心力。这说明水是否受到惯性离心力与水相对于桶是否转动无关。那么与什么有关呢？他认为上述实验说明了绝对空间的存在。只有相对于绝对空间的转动才是真转动，才会受到惯性离心力。第二种情况水相对于桶转动，但相对于绝对空间没有转动，水不是在做真转动，所以水没有受到惯性离心力。第三种情况水相对于桶虽然静止，但相对于绝对空间在转动，所以受到了惯性离心力。

牛顿认为，水桶实验证明了绝对空间的存在。真正的转动应该是相对于绝对空间的转动，只有这种真转动，才会受到惯性离心力。牛顿用这一思想实验论证了绝对空间的存在，但他从来没有论证过绝对时间的存在。

与牛顿同时代的德国数学家莱布尼茨（Gottfried Wilhelm Leibniz）反对牛顿的绝对时空观。他认为根本不存在脱离物质的绝对空间和绝对时间。空间和时间都是相对的，都不能离开物质而存在。空间不过是物体和事件相互间距和方位的表现，时间不过是相继发生的事件的罗列。时间和空间都不能脱离物质而独立存在。物质如果消失了，时间和空间也就消失了。牛顿与莱布尼茨的观点针锋相对，这两种观点对物理学的影响一直持续到今天，牛顿的影响略占上风。

与牛顿同时代的哲学家洛克认为空间是三维的，但他并没有给出强有力的论证。到了近代，人们认识到点电荷产生的力（或说电场强度）与距离的平方成反比（库仑定律），是对空间三维性的有力支持。

我们一般认为时间是一维的。这方面其实一直也没有出现有力论证，只不过二维以上的时间很难想象，很难让人信服。当然也有人提出 10 维或 11 维时空，但那是指微观世界，而且尚无定论。在宏观世界里，大家普遍接受的还是三维空间和一维时间的观点。

### 〰️ 2.2  乌云导致的探索

对时间和空间的新认识出现在 20 世纪之初。到 19 世纪下半叶，物理学家已经认识到光波是电磁波。对光的本性的探讨，使明朗的物理天空中出现了两朵乌云。开尔文（William Thomson, Lord Kelvin）教授指出，其中一朵与黑体辐射有关，另一朵与迈克尔逊实验有关。对这两朵乌云的研究，导致了量子论和相对论的诞生。这两个新的物理理论，使人们的时空观发生了根本性的变化。希望读者注意光在物理学中的重要地位，正是对光的本性的研究，导致了物理学的革命，这一革命不仅包括相对论和量子论的诞生，还包括对时空认识的变化。

我们现在介绍一下相对论的诞生和发展及其对时空观的影响。相对论的诞生起源于对光的传播的探讨。

当时科学界已经认识到光是"波动"的。既然是波，就应该有载体。比如声波的载体通常就是空气。那么遥远恒星发出的光，是经过什么载体传播过来的呢？人们想到了古希腊哲学家亚里士多德谈论的以太。亚里士多德认为地球是宇宙的中心，月亮、太阳、行星和恒星镶在不同的天球上围绕地球转动。这些天体中月亮离地球最近。亚里士多德把宇宙分成了"月下世界"和"月上世界"。月下世界中的万物都不是永恒的，都是会腐朽的。比月亮离地球更远的宇宙属于月上世界。月上世界存在的东西都是永恒不变的。那里充满透明的"以太"。20世纪下半叶的物理学家，一般都认为光波是以太的弹性振动。以太是轻而透明的，它的弹性振动就是光波。科学家们发展了亚里士多德的以太理论，认为以太不仅存在于月上世界，而且深入到月下世界的空间和万物中。遥远恒星的光就是通过以太的弹性振动传播到我们人类的眼睛中的。

那么一个重要的问题是，以太相对于地球动不动呢？20世纪时，哥白尼的日心说已深入人心，地球肯定不是宇宙的中心。天文观测表明，正如布鲁诺的猜测，恒星都是遥远的太阳，那么，显然太阳也不应该是宇宙的中心。宇宙究竟有没有中心当时无法肯定，可以肯定的是太阳不应该是宇宙的中心。因此，设想以太相对于地球静止或者相对于太阳静止都是不可取的。而且天文学上的光行差现象也表明，以太相对于地球似乎有运动（有漂移）。

科学家们想起牛顿所论证存在的"绝对空间"，大家觉得，设想以太相对于绝对空间静止应该是比较"自然"的。当时的绝大多数科学家都接受这一想法。如果这一想法正确，光行差现象反映的以太相对于地球的漂移速度就应该是地球相对于绝对空间的运动速度。准确测定这一速度应该是很有意义的。

美国物理学家迈克尔孙（Albert Abraham Michelson）为此设计了一台光学干涉仪。他做了多次精细的观测，试图确定以太相对于地球的漂移速度。遗憾的是，他测定的值在实验误差范围内是零。这表明以太相对于地球没有漂移，这与光行差现象相矛盾。这是怎么回事呢？这就是开尔文教授所说的乌云中的一朵。

为了解决这朵乌云造成的困难，荷兰物理学家洛伦兹（Hendrik Antoon Lorentz）假定存在一个以前不知道的物理效应。这个效应是一个尺缩效应。洛伦兹认为，尺子在相对于以太（也即相对于绝对空间）运动时，会沿运动方向发生收缩，见公式：

$$l = l_0 \sqrt{1 - \frac{v^2}{c^2}} \qquad (2.1)$$

$l_0$ 是尺子相对于以太静止时的长度，$l$ 是相对于以太运动时的长度，$v$ 为尺子相对于以太运动的速度，$c$ 为真空中的光速。

洛伦兹指出，如果承认存在这一收缩效应，就能解释为何迈克尔逊实验测不出以太相对于地球的漂移速度。这一效应被命名为"洛伦兹收缩"。

如果承认存在"洛伦兹收缩"效应，相对性原理将不再成立。这是因为相对于绝对空间（也即相对于以太）静止的参考系将会是优越参考系，尺子静置于这个参考系中时最长，静置于其他惯性系中时都会缩短。相对性原理是伽利略提出的，牛顿接受了这一原理。牛顿虽然认为存在绝对空间，但并没有说相对于绝对空间静止的惯性系（下面简称以太参考系）比其他相对于绝对空间运动的惯性系有什么优越性。"洛伦兹收缩效应"的存在，明确赋予了以太参考系以优越地位，相对性原理受到挑战。

然而，从伽利略变换推不出"洛伦兹收缩"。伽利略变换是物理学家给出的公式，两个做相对运动的惯性系之间的坐标变换满足：

$$\begin{cases} x' = x - vt \\ y' = y \\ z' = z \\ t' = t \end{cases} \tag{2.2}$$

式中静止惯性系 S 用时空坐标（x，y，z，t）描述，运动惯性系 S' 用时空坐标（x'，y'，z'，t'）描述。如图所示，x' 轴与 x 轴重合，S' 系沿 x 轴以速度 v 运动。在运动中保持 y' 轴、z' 轴分别与 y、z 轴平行。虽然两个惯性系 S 和 S' 在相对做匀速直线运动，但这两个惯性系是完全平等的。当时的物理学家认为，伽利略变换是相对性原理的数学表述。

为了能从坐标变换（2.2）推出洛伦兹收缩公式（2.1），洛伦兹把（2.2）式做了改造，写成

$$\begin{cases} x' = \dfrac{x - vt}{\sqrt{1 - \dfrac{v^2}{c^2}}} \\[3ex] y' = y \\[1ex] z' = z \\[1ex] t' = \dfrac{t - \dfrac{v}{c^2}x}{\sqrt{1 - \dfrac{v^2}{c^2}}} \end{cases} \qquad (2.3)$$

洛伦兹认为，变换式（2.3）不仅在数学形成上比（2.2）式复杂，在物理意义上也与（2.2）式不同。原来的（2.2）式描述的是两个等价的惯性系之间的坐标变换，而（2.3）中的 S（x，y，z，t）系是以太参考系，即相对于以太（绝对空间）静止的优越参考系，S'（x'，y'，z'，t'）系则是相对于绝对空间以速度 v 运动的参考系。（2.2）式中的 v，是两个等价惯性系的相对运动速度，而（2.3）式中的 v 具有绝对意义，是运动惯性系相对于以太参考系（绝对空间）的绝对速度。（2.3）式后来被庞加来（Jules Henri Poincaré）命名为洛伦兹变换。我们看到，洛伦兹为了解释迈克尔孙等人的实验而对旧有的物理理论进行修修补补，甚至不惜放弃重要的"相对性原理"。

与洛伦兹不同，爱因斯坦（Albert Einstein）的方案则是首先抓住最基本的物理假定，形成公理，然后仿照欧几里得几何的形式，重建物理学的大厦。爱因斯坦认为相对性原理是物理学的一条根本性原理，应该坚持，不应该放弃。麦克斯韦电磁理论是被大量实验证实的理论，也应该坚持。伽利略提出相对性原理的时候，电磁学理论还没有诞生。他的相对性原理是说，力学规律在所有惯性系中都相同。所以，这一相对性原理又被具体称为"伽利略相对性原理"或"力学相对性原理"。爱因斯坦认为，电磁理论也应遵从相对性原理。按照这一思路，他立刻就碰到一个十分费解的问题。麦克斯韦电磁理论认为真空中的光速是一个恒定的速度 c，如果相对性原理和电磁理论都成立，那么在任何一个惯性系中光速都应该是同一个值 c。假设有三个惯性系，一个相对于光源静止，静止于光源系中的观测者测得的光速是 c。另一个惯性系相对于光源迎着光以速度 v 运动，静止于此系中的观测者测得的光速似乎应该是 c+v。第三个惯性系以速度 v 沿着光前进的方向运动，其中的观测者测得的光速似乎应该是 c−v。无论是生活常识还是伽利略变换（2.2），都告诉我们，两个相对于光源运动的观测者测得的光速都不是 c，而分别是 c+v 和 c−v。但是，麦克斯韦电磁理论给出的真空中的光速只能是 c，肯定不能是 c+v 和 c−v。似乎麦克斯韦电磁理论与相对性原理出现了矛盾。爱因斯坦觉得这是个难解之谜。他花了一年多的时间来研究这个问题。后来他突然明白了，这个问题并不是相对性原理和麦克斯韦电磁理论不相容造成的，而是伽利略变换（2.2）与电磁理论不相容造成的。看来，伽利略变换并不等同于相对性原理。于是他决定放弃伽利略变换，以相对性原理和麦克斯韦电磁理论中的光速恒定性为基础来建立新的物理理论。

光速恒定性假设有两层意思：

（1）在惯性系中，光速点点各向同性。

从光速的点点各向同性，可以推出光速的均匀性。这就是说，在一个惯性系中，每一点的光速都是相同的，而且各个方向的光速也是相同的。现在已经明白，这是在空间各点定义统一时间的充分必要条件。

（2）光速与观测者相对于光源的运动速度无关。

上面第一点，是定义时间所必需的。第二点正是我们通常所说的"光速不变原理"。笔者想强调，光速不变原理不是指空间每点的光速都相同，都各向同性。而是说光速与光源相对于观测者的运动无关。

### ≈≈≈ 2.3　狭义相对论

爱因斯坦把他的相对论建立在两条原理的基础上：

（1）相对性原理：物理规律在所有惯性系中都相同。

（2）光速不变原理：光速与光源相对于观测者的运动速度无关。

爱因斯坦强调，他的相对论与经典物理学的分水岭不是相对性原理，而是光速不变原理。他认为伽利略早就提出了相对性原理，牛顿也大体继承了这一原理。只不过在相对论诞生的前夕，有些物理学家（例如洛伦兹等人）想放弃相对性原理，把水搞浑了。

不过爱因斯坦对坚持相对性原理是有贡献的。他不仅认为力学规律在任何惯性系中都一样，而且认为包含电磁理论的所有物理规律，在任何惯性系中都一样。他不承认绝对空间的存在，也不承认以太的存在。庞加来虽然不承认绝对空间，但他认为存在以太。这就等于还是承认了有优越参考系（即以太参考系）的存在，所以庞加来在放弃绝对空间、主张相对性原理成立上是不彻底的。

爱因斯坦从青少年时代开始，就深受欧几里得几何的影响。

他不仅对欧氏几何的内容，而且对欧氏几何的逻辑体系都极感兴趣。他在建立相对论时，极力模仿欧氏几何的框架。先给出两条公理作为理论的基础，在此基础上给出理论的核心——洛伦兹变换。洛伦兹变换（2.3）最早是洛伦兹给出的，但他是凑出来的，并没有给出这一变换的逻辑推导，而且他对这一变换的物理解释也是错误的。洛伦兹认为这一变换是优越参考系（以太参考系）与一般惯性系之间的变换，相对性原理不再成立。爱因斯坦则认为这一变换（2.3）是任意两个惯性系之间的变换，不存在绝对空间，也不存在以太，相对性原理仍然成立。他从自己提出的两条公理出发，直接用数学推出了洛伦兹变换（2.3），并把这一变换作为自己的相对论的核心公式。然后他又以欧几里得几何结构的方式，从洛伦兹变换推出了一系列的推论，诸如"同时的相对性""动钟变慢""动尺收缩""质能关系""动质量公式"等。建立起相对论物理学的完美大厦。

顺便说明，"相对论"这个名字不是爱因斯坦自己起的，而是洛伦兹为了区分自己的理论和爱因斯坦的理论，而给爱因斯坦的理论起的名字。爱因斯坦接受了他的命名建议。下面介绍一下爱因斯坦从洛伦兹变换导出的几个重要推论。

### 2.3.1  同时的相对性

设 S 系和 S′ 系是两个以相对速度 v 运动的惯性系。相对论指出，在 S 系中"同时"而不"同地"发生的两件事，在 S′ 系中看来，不是同时发生的，而是一先一后发生的。同样，在 S′ 系中"同时"而不"同地"发生的两件事，在 S 系中的观测者看来，也不是同时发生的。这就是同时的相对性，是相对论中最难理解的概念。

我们很容易理解"同地"的相对性。假设有一辆公共汽车从站上驶出，车上的乘客与售票员面对面站着。乘客把钱交给售票员，然后售票员把票给了乘客。在车上的人看来，"给钱"和"给票"这两件事发生在同一地点。而在车下的人看来，乘客给钱的时候车在站上，售票员给票的时候，车已开离站台若干米远了，这两件事不是发生在同一地点。这就是"同地"的相对性，这是大家都很容易明白的。但是，对"同时相对性"的理解就比较困难了。汽车行驶中，假如有两个淘气的孩子，一个在车头，一个在车尾。车上的人听到他俩各自放了一个鞭炮（在车上这可是不被允许的游戏！）。然后警察来了，问："谁先放的?"车上的乘客一致认为是"同时"放的。那么车下的人呢？大家想当然地也会认为是"同时"放的，所以，大家觉得"同时"是绝对的，不会有不同的看法。不过，相对论告诉我们，这是车速不够高时的看法。如果车速大大提高，接近光速，那么车上的人会认为车头车尾是同时放的炮，车下的人则会认为是不同时，而且是一先一后放的。这就是"同时"的相对性。

## 2.3.2 动尺收缩

从相对论的洛伦兹变换，很容易推出动尺收缩的公式(2.1)，不过爱因斯坦对这个公式的物理理解与洛伦兹不同。洛伦兹认为这一收缩是绝对的。静置于绝对空间的尺最长，相对于它运动的尺都会发生收缩，而且这一收缩会影响到组成尺子的物质的原子变扁，电荷分布也会发生变化，还会导致其他物理效应。但爱因斯坦认为，这一收缩是相对的。两个做相对运动的惯性系，都会认为静置于自己系中的尺最长，对方的尺（相对于自己运动）会缩短。而且这种收缩只是由于"同时相对性"造成的一种时空效应，不会对组成尺子的原子结构产生任何影响。

### 2.3.3　动钟变慢

从洛伦兹变换可以推出动钟变换的公式。设 S 系和 S′系是两个以速度 v 做相对运动的惯性系，在 S 系和 S′系中分别放置一系列已经调整"同步"的钟。也就是说，每个系中的观测者都认为自己的一系列钟走得一样快，而且指示相同的时刻。双方都认为自己的一列钟是静止的，对方的钟是动钟。任意选定对方一个钟（动钟），看它从自己面前掠过，与自己的一列钟（静钟）依次比较，他会发现动钟变慢了：

$$\Delta t = \frac{\Delta t'}{\sqrt{1-\frac{v^2}{c^2}}} \qquad (2.4)$$

从公式可以看出，动钟走过 1 秒（$\Delta t'=1$）时，静钟走的时间肯定大于 1 秒（$\Delta t>1$）。需要注意的是，双方都认为对方的钟是"动钟"，自己的一系列钟是"静钟"，都认为对方的钟变慢了。另外还要注意的是，相互比较的动钟只有一个，静钟则是一列（多个）。总是那"单个"的动钟比一系列的、多个的静钟慢。

### 2.3.4　质能关系

相对论给出了一个意想不到的、十分惊人的公式：

$$E=mc^2 \qquad\qquad (2.5)$$

式中 m 和 E 分别是物体的质量和能量。这个公式表明，质量和能量是同一个物理量的两个侧面。凡是具有质量的物体都蕴含着大量能量，凡是能量又都具有质量。

公式（2.5）是核能利用的基本公式之一。它告诉我们，宇宙中的能量取之不尽，用之不竭。只要我们的科学技术足够发达，我们就会有充足的能源。

### 2.3.5　质量公式

$$m=\frac{m_0}{\sqrt{1-\dfrac{v^2}{c^2}}} \qquad\qquad (2.6)$$

公式（2.6）中，$m_0$ 是物体静止时的质量，当它以速度 v 运动时，质量就增加了。m 就是物体运动时的质量——动质量。

### 2.3.6　双生子佯谬

这是众所周知的一个佯谬。双胞胎兄弟，一个乘宇宙飞船去旅行，一个留在地球上，若干年后，坐飞船去旅行的哥哥回来了，年纪和出发的时候差不多，但一直生活在地球上的弟弟明显老了。这是真的吗？是真的，用相对论可以算出这个结果。

有人算过，如果到距离我们最近的恒星比邻星去旅行。比邻星距我们 4.3 光年，也就是说光从比邻星射到地球需要 4.3 年。假设飞船以 3 倍的重力加速度（3g）加速，这时宇航员的体重是他在地球上的 3 倍。根据研究，这是宇航员有可能比较长时间承受的"重力"。当飞船速度达到 25 万千米每秒之后，关闭发动机让飞船以惯性运动的方式飞行。这时宇航员处于体重为零的失重状态。当飞船接近比邻星后，再以 3g 的加速度减速，宇航员再次处在 3 倍体重的超重状态，最后平稳地到达那里。然后再以同样的方式返回。根据相对论的计算，飞船上的宇航员觉得自己经历了 7 年，而地球上的人认为他旅行了 12 年。也就是说宇航员比他留在地球上的同胞兄弟年轻了 5 岁。

另外，有人还研究过，乘宇宙飞船到银河系的中心去旅行，那里距我们的太阳系 2.8 万光年，也就是说，银河系中心发出的光，需要 2.8 万年才能到达地球。到那里去旅行似乎是完全不可能的事。但是相对论的时间效应给人类提供了到那里去旅行的可能性。如果飞船以 2 倍的重力加速度（2g）加速，飞到太阳系与银河系的中点后，再以 2 倍重力加速度减速。飞船到达银河系中心后，再以同样的方式返回，2g 比 3g 小不少，宇航员的体重只是地球上的两倍，比较容易承受，而且没有关闭发动机从超重变为失重，然后重开发动机又从失重变为超重的经历。不经历这样的变换也许对航天员的健康会更好一些。

计算表明，完成这样的一次宇宙航行，飞船上的人觉得过了 40 年。20 岁出发的宇航员，回来时 60 岁，好像还是可以接受的。但是地球上的人呢？计算表明地球上已经过了 6 万年。宇航员的亲朋好友都早已作古。如果真的完成了这样一次飞行，飞船返航时地球人一定会开一次盛大的庆功会，欢迎自己6万年前的祖宗回来了。这是用相对论计算出的结果。为什么会发生这样奇怪的事呢？下面做一个简明的解释。

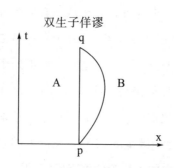

图 2-2　双生子佯谬的几何解释

一个人（或者一个物体）在三维空间中可以看作一个点。三维空间再加上时间就成为四维时空。这个人在四维时空中会描出一根线。即使他在空间中不动，但是时间总归要向前发展，他必须与时俱进，描出一根与时间轴平行的直线。如果他做匀速直线运动，时间坐标和空间坐标都会变化，他会描出一根斜线。如果他做变速运动，则会描出一根曲线。这种直线或曲线，都称为他的世界线。

相对论指出，一个人经历的真实时间（称为固有时）就是他描出的世界线的长度。图 2-2 描述了双生子佯谬发生的过程。图中横坐标表示 3 个空间坐标，纵坐标表示时间。在地球上的 A，由于空间位置没有动（与星际航行的尺度比较，地球绕日的运动可以忽略），他的世界线是与时间轴平行的直线。宇航员 B 由于先离开地球，再返回，经历了几次加速、减速的运动过程，他的世界线是图中的曲线。显然直线 A 与曲线 B 不一样长，两个人经历的时间也就不一样长。谁经历的时间长呢？有人可能以为 B 比 A 长，如果真是这样，宇航员经历的时间就超过了地球人经历的时间，他就会比留在地球上的兄弟老，而不是年轻。认为 B 比 A 长，是上了几何的当。对于我们通常用的欧式几何，三角形的斜边的平方等于两条直角边的平方和，斜边比直角边长。但四维时空中的几何，由于时间的性质不同于空间，欧式几何不适用，适用的是伪欧式几何。在伪欧式几何中，三角形斜边的平方等于两条直角边的平方差。斜边会短于直角边。所以世界线 B 比 A 短，因此描出 B 线的宇航员会比描出 A 线的地球人经历的时间短。这就是双生子佯谬的几何解释。

爱因斯坦大学时的数学教授闵可夫斯基（Hermann Minkowski）首先指出，在相对论中，时间与空间存在联系，应该看作一个整体，即四维时空。这是一个平直的时空，称为闵可夫斯基时空。能量和动量也存在联系，称作四维动量。这是对时间和空间的新认识。

## 2.4　广义相对论

### 2.4.1　狭义相对论的困难

相对论虽然取得了重大成就，但也存在困难。第一个困难是在相对论中惯性系无法定义了。在牛顿物理学中，惯性系是借助绝对空间来定义的。凡是相对于绝对空间静止，或做匀速直线运动的参考系就是惯性系。相对论认为不存在绝对空间，这种定义自然也就不能用了。爱因斯坦反复考虑这一问题得不到解决。

另一个困难是万有引力定律与相对论不相容。当时科学界只知道两种力，一种是电磁力，另一种是万有引力。电磁力与相对论相容，但万有引力不行。爱因斯坦认为这是一个严重问题。一共就知道两种力，其中一种就与相对论存在矛盾。他曾长期思考这两个矛盾，但得不到解决。

后来，他突然想到，物理学中强调惯性系的重要原因是物理规律在所有惯性系中都相同。也就是说，相对性原理成立于惯性系之间，而且只对惯性系成立。他想能不能把相对性原理加以推广，成为"广义相对性原理"，即认为物理规律在所有参考系（包括惯性系和各种非惯性系）中都相同。这样就可以不用惯性系这个概念，也就不用定义惯性系了。然而非惯性系与惯性系不同，其中的物体会受到惯性力。如何解决惯性力问题呢？他注意到惯性力和万有引力相似，都与物体的质量成正比。但二者也有不同，万有引力起源于物体间的相互作用，存在反作用力。而惯性力不起源于物体间的相互作用，没有反作用力。

爱因斯坦开始思考惯性力起源的问题，以及惯性力与万有引力的相似性问题。爱因斯坦青年时代曾读过马赫（Ernst Mach）的《力学史评》一书。奥地利物理学家马赫，论物理成就只能算一个三流物理学家。但是他的哲学思考十分了得，敢于批判祖师爷牛顿，说牛顿的一些重要思想不对。牛顿说存在绝对空间，马赫说不对，根本不存在什么绝对空间，也不存在以太，所有的运动都是相对的。

爱因斯坦深受马赫的影响，他认为马赫说得太对了。所以，爱因斯坦一开始进入物理学的研究就走上了正确的道路，他果断地放弃了绝对空间，同时放弃了以太，坚决抓住"相对性原理"这块基石不放，并创新性地指出存在另一块基石"光速不变原理"，然后在这两块基石的基础上构建起他的"相对论"大厦。

在相对论诞生的前夜，不少物理学家和数学家已经接近了相对论的发现，例如洛伦兹和庞加来，但他们都未能走出这决定性的一步。洛伦兹深信存在绝对空间和以太，在探索的道路上放弃了相对性原理。庞加来虽然从哲学和数学的思考中认识到相对性原理的重要，主张放弃绝对空间的概念，但他依然承认有"以太"，承认"以太"的存在实质上就是承认有优越参考系存在。所以，庞加来不能说已经跳出了绝对空间的束缚。只有爱因斯坦在放弃绝对空间的同时抛弃了以太。所以，爱因斯坦成为相对论大厦的唯一构建者。

现在，爱因斯坦看到自己的"相对论"遇到严重困难。于是他又想到了马赫的许多论述。马赫当年否定"绝对空间"的存在时，曾面对如何解释牛顿的"水桶实验"的问题。马赫认为，惯性力起源于相对加速的物体间的相互作用。水的转动是相对于宇宙中所有物质（包括遥远星系）的转动，由于运动的相对性，也可以看作水不动，全宇宙中的物质相对于水反向转动，正是物质的这种反向转动，对水施加了影响，产生了惯性离心力。换言之，惯性力起源于相互作用，与绝对空间无关。这样看来，惯性力与万有引力更相似了，都起源于物质间的相互作用。

爱因斯坦注意到牛顿力学中对质量的两种定义方式。在《自然哲学之数学原理》一书中，牛顿把质量定义为"物质的量"，"它与物质的重量成正比"。在这本书的另一个地方，牛顿又说，质量与物质的惯性成正比。后人把前一种方法定义的质量称为引力质量（$m_g$），后一种方法定义的质量称为惯性质量（$m_I$）。牛顿已经认识到，没有理由认为这两种方式定义的质量一定相等。他曾用单摆实验来检测，在 $10^{-3}$ 的精度范围内没有测出二者的差异。到了爱因斯坦的时代，匈牙利物理学家厄缶（Eötvös）用精密扭秤做了检测，在 $10^{-8}$ 的精度范围内没有发现差异。后来人们又把这一实验做得更精细，苏联的布拉金斯基（Vladimir Borisovich Braginsky）一直测到 $10^{-12}$ 的精度范围内仍未测出差异。也就是说，到现在为止，实验告诉我们物体的引力质量和惯性质量是精确相等的。

其实，伽利略的自由落体实验，已经告诉我们用引力和惯性这两种方法定义的质量是相等的，不过，自由落体实验的精度不高。

## 2.4.2　等效原理

在反复思考引力效应与惯性效应的时候，爱因斯坦的思想产生了一次飞跃，他突然想到，一个自由下落的人会处在失重状态。他很快构想了一个升降机（电梯）实验。在这个思想实验中，他设想有一架升降机，停在地球的表面上，上面的人受到重力 $mg$，$g$ 为重力加速度，$m$ 为他的质量。另一架升降机在远离所有天体的宇宙空间中，以加速度 $g$ 飞行，其中的人没有受到任何万有引力，但受到一个向下的惯性力 $mg$。如果升降机是封闭的，其中的人将不能辨别自己是在地球表面静止而受到地球的万有引力，还是在星际空间加速受到了惯性力。同样，如果地球处的升降机的绳索断了，升降机自由下落，内部的人会觉得自己失重。

而星际空间中的升降机如果停止加速，内部的人也会失重。他无法分辨自己是在地球引力下自由下落呢，还是在星际空间中不受任何力而做惯性运动。爱因斯坦用这个思想实验论证了万有引力与惯性力的无法区分性。

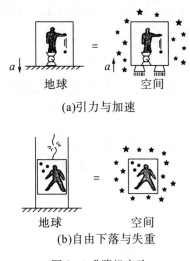

(a)引力与加速

(b)自由下落与失重

图 2-3 升降机实验

在总结这一思想实验之后，爱因斯坦提出了"等效原理"。这一原理有几种说法，比较重要的两种是：

弱等效原理：引力场和惯性场的力学效应是局域不可辨的。

强等效原理：引力场和惯性场的任何物理效应都是局域不可分辨的。

弱等效原理是说不能用力学效应区分引力场和惯性场；强等效原理是说用任何物理实验（无论是力学的、电磁学的，还是其他的）都不能区分引力场和惯性场。对于等效原理要强调，这种不可区分性是局域的，也就是说只在时空一点的无穷小邻域不可区分。只要是一个有限的空间，甚至只要有两个点，就可以区分。另外弱等效原理还有一个等价的说法：引力质量与惯性质量相等。

$$m_I = m_g \quad (2.7)$$

（2.7）式反回来又支持了伽利略的自由落体定律。这个式子告诉了我们为什么自由落体的下落规律与下落物体的质量大小、化学成分都没有关系。根据（2.7）式还可知，斜抛物体的运动规律也和物体的质量、成分都没有关系。设想以相同的初速度和抛射角，在真空环境中抛出一个铁球和一个大小相同的木球，虽然它们的质量和成分都不同，但根据（2.7）式可以用牛顿力学定律和万有引力定律得出，它们会在空间描出相同的轨迹。这是多么奇妙的物理规律啊！

### 2.4.3 弯曲的时空

爱因斯坦的头脑中突然产生了一个猜想：万有引力莫非是一种几何效应？几何效应作用下的运动自然与物体的质量和成分都没有关系。爱因斯坦的思路沿着这一猜想进行了下去。他猜测，没有物质存在的时空是平直的，有物质存在时，时空会发生弯曲。万有引力就是时空弯曲产生的几何效应。万有引力不是一般的力，物体在万有引力作用下的运动，是没有受到外力的自由运动，也就是弯曲时空中的惯性运动，将沿测地线（短程线）进行。测地线就是时空中两点的连线中取极值（极大值或极小值）的那条。测地线是直线在弯曲时空中的推广，换句话说，直线就是平直空间中的测地线。爱因斯坦希望用欧几里得的逻辑框架来建立自己的新理论。首先，他确定了几条公理：

（1）广义相对性原理：物理规律在任何参考系中都相同。

（2）马赫原理：惯性效应起源于相对做加速运动的物体间的相互作用。惯性力和万有引力有着相似或相近的根源，都起源于物质的存在和运动。万有引力是时空弯曲的几何效应。

（3）等效原理：引力场与惯性场是局域不可分辨的。

（4）短程线原理：不受外力的质点，将在弯曲时空中沿短程线（测地线）运动。

然后，他希望从上述公理引出新理论的基本方程。由于他把自己的新理论看作相对论的推广，所以他把新理论命名为"广义相对论"，而把原有的"相对论"称为"狭义相对论"。不过，他现在碰到的困难比他当年建立狭义相对论时要大得多。狭义相对论的两个公理（相对性原理和光速不变原理）可以通过逻辑推导，严格而直接地得到狭义相对论的核心公式——洛伦兹变换。现在，依据上述这些公理，还不能简单通过逻辑推导得出广义相对论的基本方程。严格说来，上面提到的几条"公理"，还不够充分。所以，爱因斯坦还需要去"猜测"广义相对论的基本方程。他认为广义相对论的基本方程有两个，一个是场方程，从物质的存在和运动算出时空如何弯曲；另一个是运动方程，告诉我们不受外力的质点在弯曲时空中如何运动。

运动方程容易确定，因为爱因斯坦已经断定自由质点将沿测地线运动，测地线方程很容易从曲线长度取极值的变分原理得到。而且，当时研究黎曼几何的数学家早已得出了黎曼空间中的测地线方程，爱因斯坦可以比较容易地把测地线方程从"弯曲空间"推广到"弯曲时空"中。

场方程的寻找则是十分困难的，爱因斯坦起先在他的老同学格罗斯曼的帮助下，首先掌握了黎曼几何的基本知识，然后与他合作进行了寻找场方程的尝试，但没有成功。后来又在同数学家希尔伯特的讨论中受到一些启发，终于寻找到了正确的场方程——爱因斯坦方程：

$$R_{\mu\upsilon} - \frac{1}{2} g_{\mu\upsilon} R = \kappa T_{\mu\upsilon} \qquad (2.8)$$

式中 $g_{\mu\upsilon}$ 是表示时空度量的函数，称为度规。$R_{\mu\upsilon}$ 和 R 是描述时空曲率的函数，$T_{\mu\upsilon}$ 是描述物质能量和动量的函数。$\kappa$ 是一个常数。这个场方程是由 10 个二阶非线性偏微分方程组成的方程组，十分难求解。

至此广义相对论的完整体系就建立起来了，场方程表述"物质告诉时空如何弯曲"，运动方程则表述"时空告诉物质如何运动"。

广义相对论既可以看作狭义相对论的推广，又可以看作万有引力定律的推广。狭义相对论把时间空间看作一个整体（四维时空），能量动量看作一个整体（四维动量），但没有认为四维时空与四维动量之间存在关系。广义相对论则给出了这二者之间的关系，没有物质（能量动量）的时空是平直的，有物质的时空是弯曲的。物质告诉时空如何弯曲，时空告诉物质如何运动。

广义相对论和万有引力定律对引力效应的本质认识完全不同。牛顿的万有引力定律认为万有引力是真实的吸引力，广义相对论则认为万有引力是时空弯曲的几何效应。通过下面的例子，读者可以看清楚二者的差异。

一个站在地面上的人，手托一个物体，按照牛顿定律，这个物体受到地球的万有引力，又受到手的托力，二者平衡，合力为零，所以这个物体处于静止的惯性状态。人一松手，这个物体自由下落，按照牛顿定律，它受到万有引力，因而做下落的加速运动，不是处于惯性运动状态。但按照广义相对论，其解释就不一样了。广义相对论认为万有引力不算力，所以人用手托这个物体时，这个物体只受到托力。托力是不为零的唯一的外力，因此这个静止的物体不是处在惯性状态。当人把手松开时，物体自由下落，它只受到万有引力，但万有引力不是外力，所以这个物体没有受到任何力，它的自由下落运动是惯性运动。

我们再看地球绕日运动。按照牛顿的理论，地球绕日运动是在万有引力作用下的加速运动，通过万有引力定律和牛顿第二定律可严格算出地球绕日的公转运动轨迹。但是，按照广义相对论，万有引力不是真正的力，而是时空弯曲的几何效应，所以地球没有受到任何外力，它的绕日运动是惯性运动。它在四维时空中描出的曲线是短程线。注意，这短程线不是指三维空间中的椭圆轨迹，而是指四维时空中那条螺旋线。

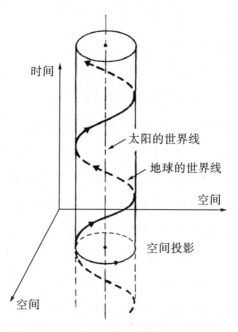

图 2-4　地球在四维时空中的运动轨迹

　　我们打一个比方，可以使读者更直观地认识到广义相对论与万有引力定律的区别。有一张床单，四个人拉着四个角，这是一个平直的空间。这时我们把一个玻璃球放在上面，它不动，轻轻一扔，它就向前滚，做匀速直线运动。这种情况就好比平直时空中的惯性运动情况。如果我们在床单中央放一个铅球，床单就凹下去了。"平直空间"变成了"弯曲空间"。这时如果放一个小玻璃球在床单上，它就会向铅球滚过去。你可以把铅球想象成地球，玻璃球想象成下落的物体。用牛顿定律解释这一现象，就是铅球（地球）用万有引力吸引玻璃球（物体），让它加速落向自己。用广义相对论解释，则是铅球（地球）让空间变弯了，在弯曲空间中玻璃球（物体）做自由运动落向了铅球（地球）。如果把铅球想象成太阳，玻璃球想象成地球，你顺手一扔玻璃球，玻璃球就会围绕铅球转动，而不会逃向远方，为什么呢？牛顿理论认为，这是铅球（太阳）用万有引力拉住了玻璃球（地球）。广义相对论则认为，这是由于铅球（太阳）的存在使空间弯曲了，弯曲的空间不让玻璃球（地球）逃向远方。

爱因斯坦在公布他的广义相对论时，同时给出了这一理论的三个实验验证：引力红移、光线偏折和水星轨道近日点的进动。下面我们简单介绍一下这三个实验。

### 2.4.4　实验验证

（1）引力红移

广义相对论认为，时空弯曲效应会使时间的行进变慢。时空弯曲得越厉害，放置在那里的钟走得越慢。太阳附近的时空比地球附近的时空弯曲得厉害。所以放置在太阳表面的钟会比地球上的钟走得慢。太阳表面没有钟，即使有钟我们也不敢用望远镜去看。爱因斯坦说没有关系，太阳那里虽然没有我们通常意义上的钟，但是有"原子钟"。他说，不同元素的原子都有自己特定的光谱。光谱中每一根谱线都有特定的频率。它标志着原子中存在以这一频率行进的钟。太阳气体中有大量的氢，时空弯曲的时间变慢效应会使得太阳上氢光谱线的频率比地球上氢原子的同一根谱线频率降低，也就是说会使波长增长，这表明光谱线向红端移动了。爱因斯坦用广义相对论算出了具体的红移量，天文观测支持了爱因斯坦的这一预言。

不过，按照牛顿理论，太阳发出的光也会产生引力红移。这是因为光子的射出需要克服引力势能，由于 E＝hυ，光子能量减少会使频率 υ 减小，也会出现红移。而且，只有在极高的观测精度下，广义相对论和牛顿理论的预言才会出现明显差异。但是，太阳表面的太阳风造成的多普勒效应，以及太阳表面氢原子热运动的多普勒效应，使得引力红移的精确测量十分困难。

（2）光线偏折

广义相对论预言，太阳的存在使它附近的时空发生弯曲，遥远恒星的光在经过太阳附近时会发生偏折（图 2－5）。然而，用牛顿理论也可以得出光线偏折的结论。牛顿理论认为光由光子组成，在通过太阳附近时，光子受到太阳引力的吸引，也会发生偏折。不过，用牛顿理论预言的偏折角只有广义相对论预言值的一半。

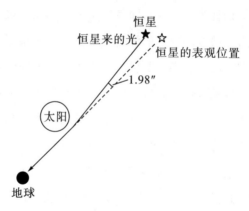

图 2－5　光线偏折

1919 年，英国天体物理学家爱丁顿（Arthur Stanley Eddington）利用日全食的机会对光线偏折预言做了观测检验。为什么要在日全食时观测呢？因为只有在这个时候，月亮挡住了太阳，我们才能看到太阳背后的灿烂星空，拍下有太阳存在时恒星在天空中的位置。几个月后（例如半年后），太阳从这一星空区移开（这一星空会在夜间出现），再拍下没有太阳存在时恒星在天空中的位置。对二者进行比较，就可以得到光线偏折值。

爱丁顿组织了两支观测队，到两个能看到日全食的地区去观测。爱丁顿带领的队伍到了非洲的普林西比，另一支队伍由他的助手戴森率领去了南美洲的巴西。爱丁顿去的地方正好赶上下雨，不过在日全食快结束时终于出现了晴空，他抓紧时间拍摄了15张照片。巴西那边艳阳高照，大家很高兴，拍了不少照片。冲洗胶片时大失所望，因为阳光太强，底片盒子晒得太烫了，胶片发生了形变。他们只好做了加工处理。最后，爱丁顿这一组测出的偏转角是 1.61 弧秒，巴西那一组测的是 1.98 弧秒。广义相对论的预言值是 1.75 弧秒，牛顿理论预言的是 0.88 弧秒。观测值接近广义相对论预言值，远离牛顿理论的预言值。爱丁顿宣布，观测支持了广义相对论的预言。不过，大家可以感觉到，上述观测值不是特别理想。此后，又不断进行了观测检验，结果越来越精确，也越来越趋近广义相对论的预言值。1975 年，射电观测发现掠过太阳表面的无线电波的偏转角是 1.76 弧秒。2004 年夏皮洛测得的光线偏折的观测值与理论值之比为 0.9998。

（3）水星轨道近日点进动

开普勒早就指出，行星绕日的轨道是一个封闭的椭圆。牛顿的万有引力定律和力学三定律支持了开普勒的论断。但是天文观测却发现，所有行星的绕日轨道虽然都是椭圆，但都不是封闭的椭圆。这些轨道的近日点都在不停地向前移动，其中以离太阳最近的水星最为显著，大约每 100 年有 5600 弧秒的进动。天文学家在扣除岁差、行星摄动（微扰）等众多因素的影响（大约 5557

弧秒）后，还有大约每百年 43 弧秒的进动得不到解释。

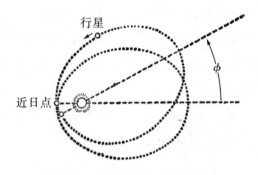

图 2-6　水星轨道近日点的进动

　　爱因斯坦早就知道天文学上的这一困难，他很希望自己的新引力理论（广义相对论）能够克服这一困难。所以，这一困难也成为爱因斯坦建立广义相对论过程中时时考虑的一个因素。他的广义相对论真的克服了这一困难，用这一新理论得出的行星绕日轨道果然不是封闭的椭圆，轨道近日点有进动，对于水星，恰好就是每百年 43 弧秒。爱因斯坦得到这一结果时高兴极了，他在写给希尔伯特（David Hilbert，德国数学家）的信中说："我的理论算出了水星轨道近日点的进动，我简直高兴极了。你知道我有多高兴吗？我一连几个星期都高兴得不知道怎么样才好……"

　　这三个实验极大地支持了广义相对论。再加上爱因斯坦建立在狭义相对论等重大成果基础上的崇高威望，使得广义相对论迅速被学术界接受。

# 第三章
# 为什么说宇宙是膨胀的？

爱因斯坦的广义相对论提出之后，一些人建议他研究一下时空弯曲对量子效应的影响，也就是说看看他提出的时空弯曲效应对原子光谱的影响。爱因斯坦很快认识到，光谱线反映的是电子在原子核的电磁力作用下的跃迁，质子与电子之间的万有引力只有电磁力的 $10^{37}$ 之一，对光谱的影响根本不可能觉察出来。于是他放弃了用广义相对论去修正原子光谱的想法，把注意力转向了宏观宇宙。宇宙中的物质虽然也是由电子和原子核组成，但它们整体上看是电中性的，电磁力可以忽略不计，支配宇宙中物质运动的主要是万有引力，宇宙才是广义相对论大显身手的舞台。

## 3.1 有限无边的静态宇宙模型

根据当时的天文观测，爱因斯坦发现宇宙中的物质虽然在较低的尺度上是成团分布的，但在极大的宇宙尺度上（$10^8$ 光年以上），似乎是均匀各向同性分布的。比如说，我们知道，太阳系是以太阳为主的大量天体组成的，太阳的质量占太阳系总质量的99％，其他行星、卫星、彗星、尘埃和气体加起来也只占大约1％。太阳系的直径不会超过一个光年，我们的太阳系和其他许多类似系统组成银河系。银河系中大概有一千亿到两千亿颗像太阳这样的恒星，他们围绕着银河系的质心转动。宇宙中存在大量与银河系类似的星系，都由上千亿颗恒星组成。这些星系（类似银河系）直径约在 10 万光年（$10^5$ 光年）的数量级。大量的星系组成星系团（上百个星系以上）和星系群（100 个星系以下），这些团或群中的星系围绕着它们的质心转动。星系团（群）的直径约一千万光年（$10^7$ 光年）。人们看到，在 $10^7$ 光年以下，物质都是成团分布的，较小的团聚在一起，又组成更大的团。在更大的尺度上物质是否仍是成团分布的呢？当时的天文观测告诉爱因斯坦：不是，在一亿光年（$10^8$ 光年）的尺度以上，物质似乎不再成团分布，而是均匀各向同性地分布。爱因斯坦注意到不仅空间各个方向看到的星系团的分布是均匀的，而且近处和远处的星系团分布也是均匀的。

　　由于光的传播需要时间，距我们 1 光年的恒星，我们看到的是它 1 年前的样子，距我们 100 光年的恒星，我们看到的是它100 年前的样子，所以，望远镜在看远方的同时，也是在看历史。我们看到，远方的星系团和近处的星系团都是均匀各向同性地分布着，这说明在宇观尺度（$10^8$ 光年以上），物质始终是均匀各向同性分布的。于是爱因斯坦总结出一个"宇宙学原理"：在宇观尺度上，物质始终是均匀各向同性分布的。根据宇宙学原理，似乎从宇观尺度上看，宇宙中物质的分布不随时间变化，始终保持均匀、各向同性地分布。

爱因斯坦认为自己抓住了宇宙的基本特征：从宇观尺度看，宇宙是不变的，是"静态"的，是均匀各向同性的。他力图从自己的广义相对论基本方程——场方程导出一个静态宇宙模型。场方程是由 10 个二阶非线性偏微分方程组成的方程组。解微分方程，只有方程是不够的，还必须先知道边界条件和初始条件。边界条件就是要知道宇宙的边界处是什么样子。初始条件是要知道这个宇宙初始时刻是什么样子。初始条件好办，爱因斯坦设想的宇宙是静态的，不随时间变化的，初始的样子和今天的样子一样。可是边界处是什么样呢？谁也不知道，你假设一种边界状况，可能有人会问，"边界外面是什么样呢？"这可是麻烦事。爱因斯坦简单干脆地解决了这个问题，他说自己设想的宇宙不仅不随时间变化，而且没有边，是"有限无边"的。没有边，当然也就不需要边界条件了。可是，一个东西怎么可能既有限又无边呢？在一般人看来，有限就是有边，无限就是无边。比如一个桌子的桌面，面积大小有限，四面都有边，是一个有限有边的二维空间。几何中熟知的欧几里得平面，是无限无边的，是一个无限无边的二维空间。怎么可能有限而无边呢？大家可以想象一下篮球。篮球面是一个二维曲面，面积有限，为 $4\pi r^2$，r 是篮球半径。这个篮球面有没有边呢？没有。一个小甲虫在上面爬，永远也不会碰到边。这就是一个有限无边的二维曲面。

爱因斯坦建议大家发挥想象力，想象一个三维的有限无边的超球面。这个超球面镶在一个四维空间中。体积（即超球面的面积）有限，但没有边。生活在这个超球面上的生物，向前方运动，不用拐弯，就会最终从后面跑回来。他设想的宇宙是一个四维时空，除去一维时间之外，余下的三维空间就是一个超球面——就是一个有限无边的三维空间。爱因斯坦希望从他的广义相对论场方程中算出这个静态宇宙模型来，这个模型在三维空间上是一个有限无边的超球面，同时不随时间变化。他做了很多努力，但就是求不出这个解来。后来，他终于明白了，自己的场方程是牛顿万有引力定律的发展推广，其中只有吸引效应，没有排斥效应，这样求出的解不可能是静态的，一定会塌缩。为了加入排斥效应，他于 1917 年在自己的场方程中加了一个排斥项——宇宙项 $\Lambda g_{\mu\nu}$：

$$R_{\mu\nu} - \frac{1}{2} g_{\mu\nu} + \Lambda g_{\mu\nu} = \kappa T_{\mu\nu} \qquad (3.1)$$

其中 $g_{\mu\nu}$ 是描述时空度量的函数"度规"，$\Lambda$ 是一个很小的常数，叫"宇宙学常数"。加了宇宙项后，爱因斯坦终于得到了自己梦寐以求的有限无边的静态宇宙模型。

爱因斯坦的这一工作立刻轰动全球。舆论沸腾了：我们伟大的爱因斯坦，在提出狭义相对论和广义相对论之后，再次做出划时代的贡献，他把我们生活的宇宙给刻画出来了。

## ❧ 3.2  大爆炸宇宙模型

正当爱因斯坦为自己的成就自豪的时候，一家杂志社寄给他一份稿件，是一位名不见经传的苏联学者弗里德曼（Alexei Fridman）写的。他于 1922 年用爱因斯坦原来的不含宇宙项的场方程求出了一个膨胀的无限无边的宇宙模型和一个"脉动"（即一胀一缩，胀缩交替）的有限无边的宇宙模型。沉浸在成功喜悦之中的爱因斯坦没有仔细推敲弗里德曼的论文就下了否定结论，认为他的论文有误，并声称这个问题在学术上已经解决了，正确的宇宙模型是我提出的静态的、有限无边的模型。

弗里德曼收到了杂志社的审稿意见和退稿通知，但由于审稿是背靠背的，弗里德曼不知道审稿人是爱因斯坦。恰在此时，有一位苏联学者到西欧访问，在一次宴会上亲耳听到爱因斯坦谈论自己否定弗里德曼论文的事情，回国后赶紧告诉弗里德曼。弗里德曼立刻给爱因斯坦写了一封信，解释自己的论文，但没有收到回信，石沉大海。弗里德曼只好把自己的论文改投给德国的一个不著名的数学杂志。该杂志登了出来，但没有得到科学界的反响。这可能是由于这份杂志名气太小，但更可能是因为这是一份数学杂志，物理学家和天文学家一般都不会关注。爱因斯坦去世后，在他的档案中查到了这封信，但不知道爱因斯坦是否看过。他这样著名的人，肯定每天都会收到大量信件，不一定每封都会看。

另一位天文物理学家勒梅特（Georges Lemaître），用带宇宙项的爱因斯坦场方程（3.1）也求出了膨胀和脉动的宇宙模型。勒梅特是一位神父（一位了不起的神父，懂数学物理，还会解爱因斯坦场方程），他是如何化解动态宇宙模型和"上帝创造宇宙"之间的矛盾的呢？他认为，上帝最初创造的宇宙，不是我们现在这个样子，而是一个"宇宙蛋"，像乒乓球那么大。这是一个热蛋，然后膨胀开来，逐渐降温，慢慢形成了今天的宇宙。

天文界发现远方星系普遍存在引力红移，并把这一现象理解为多普勒效应，这表明宇宙中的星系一直在相互远离。特别是

1929年哈勃定律的提出，使大多数人认识到宇宙不是静态的，而是膨胀的。因此包括爱因斯坦本人在内的科学家后来普遍接受了膨胀（或脉动）的宇宙模型。大家认识到爱因斯坦原来的静态宇宙模型不过是勒梅特模型的一种特殊情况，这种理论上的特殊情况与观测不符，并非宇的真实现状。

爱因斯坦后来很后悔引进宇宙项。他认为广义相对论的正确场方程应该是他最初提出的不含宇宙项的方程（2.8），而不是（3.1）式。他建议大家忘掉宇宙项，可是学术界继续讨论宇宙项，（3.1）式和（2.8）式都在使用。爱因斯坦遗憾地表示："引进宇宙项是我一生所犯的最大错误。"

弗里德曼和勒梅特的模型，指出宇宙是演化的，而且现在还在演化之中。这在科学上有伟大的意义。大家知道，研究生物的人，最初是研究生物的多样性和分类，达尔文提出进化论是一次伟大的革命。后来人们又认识到人是猿演化而来的，地球是演化的，社会也是演化的，现在进一步认识到宇宙也是演化的。用演化的观点来认识世界和人类，本身就是伟大的革命。

1948年，俄裔物理学家伽莫夫（George Gamow）提出火球模型，把核物理引进宇宙学的研究。他认为宇宙最初是一个核火球，逐渐膨胀降温形成今天的宇宙。伽莫夫指导他的研究生阿尔法研究这个课题。爱开玩笑的伽莫夫觉得自己的姓名很像希腊字母 γ（伽马），学生的姓名很像 α（阿尔法），正好他们研究所还有一位姓名像 β（贝塔）的科学家。他就把 β 拉过来，于是 α，β，γ 三个人合写了这篇火球模型的论文。

当时，英国天体物理学家霍伊尔（Fred Hoyle）提出了一个稳恒态宇宙模型。这个模型认为宇宙在膨胀过程中不断有物质从真空中产生，在保持宇宙中物质密度不变的情况下，逐渐胀大成为我们今天的宇宙。膨胀过程中既没有物质密度变化，也没有温度变化。霍伊尔坚信自己的模型正确，觉得伽莫夫等人的火球模型十分可笑，简直是说宇宙起源于一场大爆炸，这个模型肯定不对。他就嘲弄地称火球模型为"大爆炸模型"，没有想到这个名称就用下来了，今天"大爆炸模型"比"火球模型"更出名。

天文观测支持了"火球模型"。首先，哈勃定律描述的星系红移，表明宇宙中的物质确实在飞散，应该是从一个较小的空间范围扩展开来的。这种现象很容易用火球模型来解释。其次，伽莫夫的火球模型认为，宇宙最初是一个核火球，里面的物质全由氢元素构成，氢原子核（质子）在极高的温度下可以发生聚变热核反应，生成氦原子核（由2个质子和2个中子组成）。伽莫夫认为这种聚变反应只有在极高的温度下才能进行，随着宇宙的膨胀，"核火球"的温度降低下来，这种聚变反应就停止了。根据他的计算，如果自己的模型正确，当前的宇宙中应该存在百分之二十几的氦，余下是百分之七十几的氢。这百分之二十几的氦一直保存到今天，被称为宇宙中的"氦丰度"。当然，随着宇宙的膨胀演化，宇宙中的物质会凝聚成恒星，这些主要由氢元素组成的恒星在演化中也会产生氢聚合成氦的热核反应（例如我们的太阳），但是伽莫夫的计算表明恒星生成的氦和宇宙初期生成的氦相比，数量微乎其微。天文观测也支持了伽莫夫关于宇宙中氦丰度的预言。

对"火球模型"的第三个支持，也是最重要的支持，是微波背景辐射的发现。按照伽莫夫的模型，宇宙原初是一个高温火球，在膨胀过程中逐渐降温。他认为今天的宇宙不会处在绝对零度，应该有大爆炸的余热存在。他根据自己的模型推测，到今天为止，这个余热可能还有绝对温度 10 开尔文（10K）左右。

不过，天文观测迟迟没有发现大爆炸余热的存在。有一些相信"火球模型"的科学家一直做这方面的努力，遗憾的是迟迟未能发现。正在大家比较失望的时候，几位研究无线电天文学的科学家却意外地获得了这一发现。

美国科学家彭齐亚斯（Arno Penzias）和威尔逊（Robert Wilson）接受了研究通信卫星的无线电信号的任务。为了更好地接收信号，他们设计了灵敏的探测装置，并努力降低设备的噪声。在做了大量努力之后，他们觉得仍有一些噪声存在。为了消除这些噪声，他们对自己的无线电设备做了一次彻底检查，发现鸽子在天线的核心部分筑了一个窝，还拉了一堆白色的鸽子粪。他们清除了这些鸽子粪，心想这次噪声源终于被清除了，他们在自己的论文中谈到了这一点。不过，为了文雅起见，他们没有说鸽子粪，而是说发现了一堆鸽子的白色分泌物。他们清除了这些分泌物。遗憾的是，重开仪器后，发现噪声依然存在，他们终于认识到，这些噪声并非自己的仪器设备造成的。那些正在寻找大爆炸余热的相对论天体物理学家立刻指出，这些噪声正是伽莫夫"火球模型"预言的"大爆炸余热"。大爆炸的余热终于被发现了，霍伊尔的稳恒态模型很难解释宇宙中这一"微波背景辐射"。从此以后，宇宙膨胀的火球模型就被天体物理界普遍接受，成为宇宙演化理论中的主流学说。

那么，"大爆炸模型"的核火球是怎么产生的呢？根据今天的相对论天体物理学，一般认为，大爆炸起源于一个密度无穷大、体积无穷小的奇点，这个奇点发生"爆炸"形成温度无穷高的核火球，然后核火球逐渐膨胀降温，形成今天的正在膨胀中的宇宙。也有人认为，其实也没有什么"原始奇点"，整个核火球就是从"一无所有"中产生出来的，好像中国道家所认为的"万物生于有，有生于无"，完全是"无中生有"。

那么，奇点"爆炸"之前，或者说"无中生有"之前是什么状态呢？对这个问题，科学家采用了与神学家奥古斯丁类似的解决办法，认为在大爆炸之前没有时间也没有空间，时间与空间是和宇宙一起从"奇点"或者从"虚无"中创生出来的。奥古斯丁的说法是，世界和时间都是由上帝创造出来的，在"创世"之前没有时间，所以也就没有之前。只不过科学家们有的相信上帝，有的不相信上帝。不管有没有上帝，反正时间与空间是和宇宙同时创生的，在宇宙创生之前没有时间，所以也就没有"之前"。

## 3.3 膨胀宇宙的现状和未来

另一个问题是，我们这个膨胀的宇宙将来会怎么样呢？会一直膨胀下去吗？这个问题要靠科学来回答。天体物理学认为，存在一个制约宇宙膨胀的因素，这个因素就是广义相对论所描述的时空弯曲效应，通俗地说，就是万有引力定律描述的吸引效应。这种吸引效应会使宇宙膨胀减速，宇宙中物质密度越大，万有引力造成的吸引效应就越大，宇宙膨胀的减速就会越快。相对论天体物理的研究告诉我们，宇宙中的物质有一个临界密度 $\rho_0$，大约是 3 个氢原子/立方米，即每立方米 3 个质子。如果宇宙中物质密度小于或等于临界密度（$\rho \leqslant \rho_0$），宇宙会一直膨胀下去，只不过膨胀速度越来越慢，如果宇宙中物质的密度大于临界密度（$\rho >$

$\rho_0$），宇宙膨胀的速度会逐渐降低到零，然后膨胀的宇宙转变为收缩并升温。研究表明 $\rho < \rho_0$ 的宇宙的三维空间曲率为负（$k < 0$），$\rho = \rho_0$ 的宇宙的三维空间曲率为零（$k = 0$），它们的三维空间都是无限无边的。这种宇宙从诞生的时候开始，体积就不是有限的，而是无限无边的。这种无限无边的宇宙将永远膨胀（永远降温）下去。$\rho > \rho_0$ 的宇宙的三维空间是有限无边的，开始诞生时体积为零，然后逐渐胀大并降温，到膨胀速度降低到零时，体积达到最大值，温度达到最低值，然后转化为收缩，体积逐渐缩小，温度逐渐回升。

研究表明，这种宇宙的三维体积会缩小到零，重新形成密度无穷大、温度无限高的时空奇点。但这个奇点与宇宙创生时的奇点不同，这是另一种大塌缩的宇宙奇点。在这个奇点处，宇宙和时空同时消失。大爆炸奇点是时空和宇宙创生的地方，大塌缩奇点则是宇宙和时空消失的地方。所以，大爆炸奇点是时间的"起点"，大塌缩奇点是时间的"终点"。

也有理论认为，$\rho > \rho_0$ 的宇宙不会塌缩成奇点。当宇宙塌缩到一定程度，十分接近奇点形成时，会有某种机制使塌缩中的宇宙发生反弹，重新开始膨胀、降温，成为新的膨胀宇宙。这种宇宙模型称为"反弹模型"。

天文观测告诉我们，现在的宇宙正处在膨胀阶段。至于它是会永远膨胀下去（$\rho \leqslant \rho_0$，$k \leqslant 0$），还是会转化为收缩（$\rho > \rho_0$，$k > 0$）则难以肯定。在 20 世纪中后期，天文观测得到一些相互矛盾的结果。对宇宙中物质密度的观测分析告诉我们，宇宙中物质的密度远小于临界密度 $\rho_0$，可能只有 $\rho_0$ 的十分之一左右，这样的宇宙应该会永远膨胀下去。可是对于星系膨胀速度的研究又告诉我

们，宇宙膨胀不仅在减速，而且减速减得比较快，我们宇宙的膨
胀速度将来很可能会减到零，而且有可能从膨胀转化为收缩。

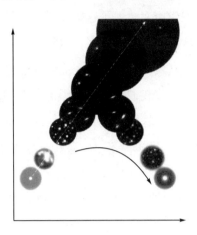

图 3-1　宇宙膨胀的三种形式

　　到了 20 世纪末，一个惊人的现象被发现了。天文观测表明，
今天观测到的宇宙，膨胀不仅不再减速，反而在加速。我们的宇
宙大概从 60 亿年前开始，就已经从减速膨胀转变为加速膨胀了。

　　这一惊人发现是由于天文学家找到了新的更精确的量天尺而
做出的。历史上，天文学家创造了不少测量遥远天体到地球的距
离的方法。最初是用几何、三角的方法。在地球上找两个基点
（例如 A 与 B），连一条基线。再做出这两点到所测天体 O（例如
太阳）的连线，形成一个三角形，知道这两个基点连线（基线）
的长度，再测出 OA 与基线 AB 的夹角，OB 与基线 AB 的夹角，
就可以用三角方法测定出天体到地球的距离。进一步则可以用地
球公转轨道的直径做基线，做出两个基点到远方恒星的连线，就
可以测出恒星到太阳的距离。用这个方法最远可以测到 300 光年
的距离，更远的距离这个方法就不适用了。不过，人们还创造了

不少物理、数学方法来测量天体到我们这里的距离。例如造父变星法。发光能力不断发生变化的恒星称为变星。有一类"造父型"的变星，天文学家弄清楚了这类变星变光曲线的形状、周期与它的光度（真实的亮度）的关系。这样，就可以从这类变星的变光曲线定出它的真实亮度，把这一亮度与它的视亮度比较，就可以推算出这类变星离我们的距离。因为视亮度除去决定于这颗星的光度外，还决定于这颗星离我们的距离。所以造父变星可以作为测量天体距离的尺子。不过，各种方法都有适用的距离范围，超出这一范围，不论是过远还是过近，测量都会不准确。

20 世纪初，天文学家发现，有一类超新星，其爆炸的光度（真实亮度）和视亮度的差异可以用作量天尺来判定其所在的星系到太阳系的距离。超新星爆发非常猛烈，爆发前根本看不见的星，在爆发时地球上的我们白天也能肉眼见到。但是各种超新星的大小和爆炸规模差异很大，有的最后产物是中子星，有的是黑洞，有的全部炸飞最后什么也没有留下。所以我们很难判定超新星爆发的真实规模，无法确定它的光度，只能看到它的视亮度，因此不能用它来做量天尺。

然而，科学家发现有一类超新星可以确定它的爆发规模和光度，可以用作量天尺。这类超新星称为 Ia 型超新星。这类超新星的前身是白矮星，本来不会发生超新星爆发。天文学研究表明，小于 1.4 个太阳质量的恒星（例如我们的太阳），最终只会形成密度为每立方厘米几吨的白矮星，不会爆炸。质量大过几个、几十个太阳质量的恒星，最终不会停留在白矮星阶段，而是通过超新星爆发形成中子星或黑洞。Ia 型超新星与此不同，它最初是一个大小不超过 1.4 个太阳质量的白矮星，本不会形成超新星。但是由于它不断吸收外部物质，质量不断增加。例如，它所在的太阳系不止一个太阳（恒星），而是由两个以上的恒星组成，而且其中还有可能存在庞大的密度很低的气体恒星（例如红巨星），这类恒星的气体不断被白矮星吸收。当白矮星的质量超过1.4个太阳质量时，白矮星内部电子之间的泡利斥力将支持不住它自身的万有引力，于是它就会塌缩并发生爆炸，形成超新星爆发。由于这种超新星的质量虽然超过白矮星的质量上限，但却没有达到能形成中子星或黑洞的质量，所以 Ia 型超新星会全部炸飞，不留任何渣子。所有的 Ia 型超新星的质量都差不多，都是刚刚超过1.4个太阳质量。它们爆发的结局都不会形成中子星或黑洞，都是全部炸光。因此，所有 Ia 型超新星的爆发规模都差不多，光度都相近。这样，我们就可以比较 Ia 型超新星的视亮度和光亮，来判定它们所在的星系离我们的距离。所以，Ia 型超新星是一把新的很好的量天尺。利用这把量天尺，天文学家重新判定了远方星系离我们的距离。利用哈勃定律，又可以进一步判定所有星系逃离我们的速度，从而得出60亿年前宇宙从减速膨胀转变为加速膨胀的结论。

### 3.4　暗物质与暗能量

宇宙膨胀怎么会变得加速呢？什么力量会使宇宙膨胀加速呢？科学家们提出了一个假设：宇宙中存在一种看不见的暗能量，它的压强是负的，推动了宇宙膨胀的加速。

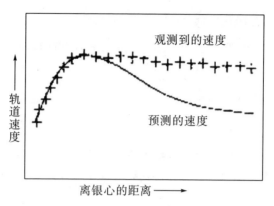

图3-2　银河系的自转速度曲线

　　提到暗能量，我们要先介绍一下另一种看不见的物质——暗物质。我们知道，银河系像一个转动的圆盘，银河系中的恒星都在围绕银心转动。用牛顿力学三定律和万有引力定律就可以大致搞清楚银河系的转动。银河系中的恒星围绕银心转动的角速度与它受到的向心力有关，这种向心力只能是来自银心附近物质产生的万有引力。但是研究发现，我们能够观察到的银心附近的物质（例如亮星，气体，尘埃等）产生的万有引力都不足以与银盘上恒星转动所需要的向心力相匹配。银心附近，特别是银盘面上似乎应该有更多的物质，而且其分布似乎呈晕状才能产生相应的、足够的向心力以维持银盘上恒星的转动，但是天文观测却怎么也不能在银心附近找到足够的产生万有引力的物质。于是人们推测应该存在一种不参与电磁相互作用，只产生万有引力的物质。这种物质不参与电磁相互作用，因此不发光，也不遮挡光，所以我们看不见它们，但它们和普通物质相似，同样产生万有引力。这种物质就被称为暗物质。天文学中其他一些现象，例如"引力透镜"等，也支持宇宙中存在暗物质的猜测。

暗能量与暗物质相似，也不参与电磁相互作用，不发光也不挡光，所以我们看不见。但它们与暗物质不同，暗物质主要参与万有引力作用（也有一些暗物质模型认为暗物质粒子可以参与弱相互作用），产生吸引效应。暗能量虽然也产生万有引力，但更重要的是它具有负压强，所以产生排斥效应，它的排斥效应远大于吸引效应。

　　提出暗物质与暗能量理论的科学家们认为，暗物质和普通物质（恒星，气体，尘埃，甚至包括黑洞）类似，主要是成团分布，例如银河系中心可能就存在大量呈晕状分布的暗物质。在宇宙膨胀的过程中，普通物质和暗物质的总量保持不变，但是由于体积在膨胀，它们的密度都在减小，使得这些物质间的万有引力吸引效应不断减弱。暗能量与它们不同，在宇宙膨胀过程中密度保持不变，随着宇宙空间体积的膨胀，宇宙中暗能量的总量不断增大，因此宇宙中的排斥效应也不断增强。当暗能量总量增加到一定程度，它产生的排斥效应就会压倒暗物质与普通物质产生的吸引效应，这时宇宙的膨胀就会从"减速"变为"加速"。

　　对暗物质与暗能量，要注意以下几个特点：

　　（1）暗物质与暗能量都不参与电磁作用，因而不发光也不遮挡光（是"透明"的），我们观测不到它们，所以说它们都是"暗"的。

　　（2）暗物质与普通物质类似，主要成团分布，相互间存在万有引力的吸引效应，使宇宙膨胀减速。暗能量在宇宙空间均匀分布，不聚集成团。它们虽然也产生万有引力，但更重要的是他们具有负压强，产生很强的排斥效应。暗能量的作用主要是负压强的排斥效应，这一效应使宇宙膨胀加速。

　　（3）暗物质与普通物质类似，在宇宙膨胀过程中总量都保持不变。因此随着宇宙膨胀，它们的密度逐渐减小，相互间的万有引力效应也就不断减小。暗能量不同，在宇宙膨胀过程中它的密度不变，因而总量不断增加，使得宇宙中的排斥效应越来越强。

（4）当宇宙中的暗能量增加到一定程度，暗能量的排斥效应超过暗物质与普通物质的吸引效应时，宇宙就从减速膨胀转变成加速膨胀。

现在的理论认为，宇宙中的暗物质和暗能量都是大量存在的，远远超过普通物质的总量。下面列出的数据是目前天文界比较公认的数据。

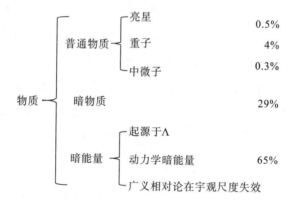

从上表可以看出，我们通常所说的普通物质（包括亮星、气体、尘埃，甚至黑洞）只占宇宙中物质总量的不到 5%，暗物质大约占物质总量的 30%，暗能量大约占物质总量的 65%，不过，现在也有很多人认为，暗能量其实并不存在。引起宇宙膨胀加速的可能是广义相对论里爱因斯坦场方程中的宇宙项。宇宙学常数 $\Lambda$ 的作用可能比我们预想的大得多。还有人认为，排斥效应的存在是因为广义相对论在宇观尺度（$10^8$ 光年以上）失效，爱因斯坦场方程需要修改。目前，科学界还没有一致的看法。如果暗能量确实是宇宙项的作用，那么爱因斯坦认为自己一生中所犯的最大错误（即引进宇宙项）就根本不是错误，而是一大功绩。

## 3.5 对大爆炸模型的几点误解

现在，大爆炸宇宙模型已经被学术界普遍接受，虽然还有一些问题不清楚，但对这一模型的大致框架已经没有异议。不过，许多人对这一模型存在误解。下面我们将澄清对大爆炸模型的一些模糊甚至错误的理解。

### 3.5.1 "大爆炸"是什么种类的膨胀？是物质在空间中的膨胀，还是空间本身的膨胀？

最初接触到宇宙膨胀学说的人，往往会产生一种误解：既然我们看到四面八方的星系都有红移，都在远离我们，是否说明我们这里是宇宙大爆炸的中心？

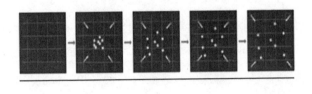

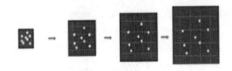

图 3-3　大爆炸是什么类型的膨胀

产生这一错误观点的根源是误以为大爆炸发生前已经先存在

空间，然后在空间某一点处发生了大爆炸，物质从那一点产生，并向四周扩散，那一点就是大爆炸的中心（图 3-3 上）。事实上，在大爆炸发生前不仅没有物质和时间，也没有空间。空间是和物质与时间一起，从大爆炸中产生的（图 3-3 下）。宇宙膨胀过程并不是物质在空间中扩散的过程（图 3-3 上），而是空间本身膨胀的过程（图 3-3 下）。由于是空间本身膨胀，所以空间各点并不存在物质的密度梯度，也不存在物质扩散过程。因此，大爆炸没有中心，也可以说空间的每一点都是爆炸的中心。

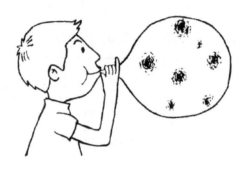

图 3-4　膨胀的二维空间

还可以打个比方来理解这一点。图 3-4 画了一个吹气球的小孩。气球的表面可以看作一个二维空间，上面的墨水点好比星系。小孩一吹气，气球胀大，表面的墨水点相互远离。每一个墨水点（星系）上生活的二维生物都会觉得其他的墨水点（星系）在远离自己，似乎自己处在膨胀的中心。

### 3.5.2　宇宙学红移是多普勒效应吗？

天文学家发现遥远星系的红移后，认为这是远方星系逃离我们而产生的多普勒效应，哈勃本人也持这种观点。可以说，长期以来科学界和普通群众都以为远方星系的红移是多普勒效应的表现。

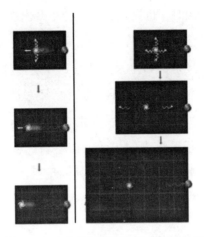

图 3-5　宇宙学红移是否是多普勒效应

我们知道，多普勒效应是空间本身不变化，光源或声源相对于观测者运动造成的。但我们看到的遥远星系的红移，并不是光源在宇宙空间中跑动造成的（图 3-5 左）。其实光源（星系）在空间中的位置并没有动，而是空间本身膨胀使得光源离我们的距离增加而造成的（图 3-5 右）。若是多普勒效应（图 3-5 左），光源发出的光各向异性，右侧的地球觉得光源在远离，看到红移。左侧如果存在另一个地球，上面的人会觉得光源在向自己跑来，因而看到蓝移。若是空间膨胀效应（图 3-5 右），则处在各个方向的观测者都会觉得光源在远离自己，它发出的光产生红移。我们观测到的正是这一情况。另外，若是多普勒效应，光在离开光源时已经产生红移，若是空间膨胀效应，则光在脱离光源时并未发生红移，而是在光的运动过程中，由于空间膨胀，而把光的波长逐渐拉长造成红移。

　　总之，我们要强调远方星系的红移不是多普勒效应，而是空间膨胀造成的。不过要补充说明一点，天文学家在看到绝大多数星系产生红移的同时，也发现有极少的星系出现蓝移。很快又发现，这些产生蓝移的星系都在我们银河系所处的本星系群中。在宇宙膨胀过程中星系群和星系团膨胀到一定程度就不再膨胀了。现在我们所处的本星系群就不再膨胀了。不过群中的星系仍然围绕着质心转动，和我们的银河系有相对运动，有多普勒效应。所以我们看到的本星系群中的星系的蓝移和红移，都是多普勒效应，不属于宇宙学效应。本星系群外的星系，它们都产生红移，这种红移属于宇宙学红移，不是多普勒效应，而是空间膨胀的宇宙学效应。

### 3.5.3　河外星系的退行速度可以超光速吗?

　　相对论认为物体运动速度和信息传播速度都不能超光速。如果河外星系的红移是多普勒效应的表现（图3-6左），也就是说，是空间不变，星系在空间中运动而引起的，则河外星系的退行速度不会超过光速，也不可能超过光速，这是相对论所要求的。但是，河外星系的红移（即宇宙学红移）并非星系运动造成的，而是星系的空间位置不动，空间本身在膨胀，从而拉大星系距离造成的，所以我们观测到的星系退行速度可以超光速。这种"退行"并非物体在空间中运动，也非信息在空间中传播，因此不受相对论限制。

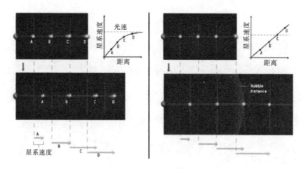

图 3-6 河外星系退行速度可以超光速

空间膨胀效应，使得星系的退行速度随距离增大而增加（图3-6右）。退行速度达到光速的距离称为"哈勃距离"（约140亿光年）。哈勃距离可以从哈勃定律的表达式 $V=HD$ 得到。当退行速度是光速时 $V=C$，此时的距离 D 就是哈勃距离，人们用小写的 d 表示这个特殊的距离（即哈勃距离）：$d=V/H$。

### 3.5.4　我们能看见退行速度超光速的星系吗?

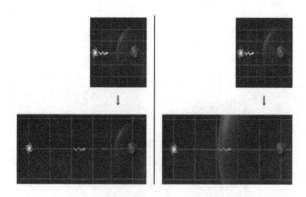

图 3-7　能否看见退行速度比光速快的星系

答案是我们能看见退行速度超过光速的星系。如果哈勃常数不随时间变化（图3-7左），我们不可能看到退行速度超过光速的星系。但是天文观测表明，原来所说的哈勃常数 H 其实并不是严格的常数，会随着时间的发展而减小。这样，哈勃距离 d＝V/H 就会随着时间的发展而加大（图3-7右）。这就使得原本处于哈勃距离之外，超光速远离我们的光子，随着时间的发展，随着哈勃距离的增大，而落入哈勃距离的范围之内，这时它由于空间膨胀而逃离我们的速度就会小于它奔向地球的真实运动速度（即通常所说的光速），从而最终能被我们观测到。

### 3.5.5 可观测宇宙有多大？

粗略地想，宇宙的年龄大约有140亿年，似乎可观测宇宙的大小不会超过140亿光年（图3-8左）。实际上，光子在空间中运动奔向我们的过程中，宇宙空间在继续膨胀，光源所在的星系在不断地远离我们，所以当光子到达我们这里时，光源已经退行得更远了（图3-8右）。现在的研究估计，可观测距离可能达到460亿光年。

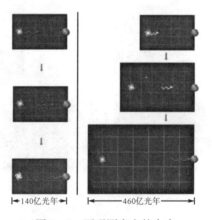

图3-8　可观测宇宙的大小

### 3.5.6 宇宙中的物体自身也膨胀吗？

如果不仅宇宙中星系团间的距离在膨胀，星系团本身也在膨胀，星系也在膨胀，恒星、行星也在膨胀，我们的地球、地球上的所有物体，我们人体本身、细胞、分子、原子都在膨胀，尺子也在膨胀，一切都在膨胀，那我们就不可能觉得宇宙膨胀了（图3-9上）。

真实情况是，宇宙初期确实所有的物体都在膨胀，但膨胀到一定程度后，物质间的万有引力的吸引效应就会在一定空间范围内压倒膨胀效应，于是星系团、星系、恒星、行星、人体、尺子、细胞、分子、原子都不再膨胀了，形成稳定的"成团结构"。只有星系团间的距离在继续膨胀（图3-9下），所以我们才能感受和观测到宇宙在膨胀。

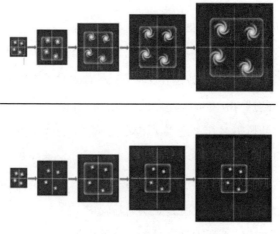

图3-9 宇宙中的物体自身是否膨胀

# 到底什么是不确定性原理？

## 4.1　拉普拉斯决定论

《时间简史》的第四章写到了不确定性原理，这个主题其实与量子力学有很大的关系。我们知道，霍金最大的学术贡献是所谓的"黑洞热辐射"。他是在 1985 年左右的时候写的这本书，而"黑洞热辐射"在 1975 年左右就已经被霍金提出来了。

黑洞的热辐射其实是广义相对论与量子力学不确定性原理的结合。因此在这一章节中，霍金写到了不确定性原理，这实际上是为了给《时间简史》的第七章——"黑洞并不是黑的"而服务的，第七章的内容其实就是黑洞的热辐射。

那么不确定性原理到底是怎么一回事呢？

在书中，霍金从拉普拉斯（Pierre Simon Laplace1749－1827）的决定论开始谈起。首先，我们要介绍一下拉普拉斯这个人，拉普拉斯是一个法国的数学家，他和拿破仑是同一个时代的人。而且拉普拉斯还在拿破仑的宫廷里干过行政职务。他还发现了一个平面几何中的与三角形相关的数学定理，把它命名为拿破仑定理，这位拉普拉斯也是一个很会拍马屁的人，同时代有很多人评价拉普拉斯是一个势利小人。但是，拉普拉斯作为一个数学家，他的能力是很强的。在线性微分方程的代数解法中，存在所谓的拉普拉斯变换；在偏微分方程的椭圆型微分方程中，拉普拉斯发现了所谓的平均值定理——这些都是彪炳千古的工作。

那么，什么是拉普拉斯的决定论呢？这个也很好理解，首先这个决定论是相对于"不确定性原理"来说的。决定论的字面意思是一旦你给出现在的情况，那么未来的情况是唯一决定的。这就非常像宿命论，也就是说一切都已经注定了。这个理论当然有一定的数学基础，因为拉普拉斯的决定论其实是站在牛顿第二定律的角度上来说的。而我们知道，牛顿第二定律的本质是二阶的线性常微分方程，这个常微分方程具有解的存在与唯一性，所以从这个意义上说，如果给定了初条件，那么演化的结果是唯一的，这就是拉普拉斯决定论的数学依据。

在《时间简史》中，霍金认为拉普拉斯走得更远。拉普拉斯认为人是没有自由意志的，人的行为也是受决定论影响的。比如今天你要坐 98 路公交车去菜市场，而不是坐 78 路公交车去电影院，这一切都不是你自己选择的，而是宿命决定的。因此当拉普拉斯的决定论发表以后，问题就来了：我们横穿马路的时候，还需要看车吗？

所以这个决定论是错误的。我们需要考虑的不仅仅是牛顿力学，还应该考虑更多的东西。这个在拉普拉斯的年代没有被发现的物理规律其实就是量子力学。

　　量子力学的核心思想是不确定性原理。这也是本章的主题。霍金在书中并没有一上来就直接解释不确定性原理，他是从历史的角度来叙述量子力学的。

　　他首先介绍的是黑体辐射的问题。

　　黑体辐射问题来自当时的新兴大国德国，自从俾斯麦改革以后，德国的钢铁工业蒸蒸日上，产业在升级，德国由一个农业国变成了一个工业国，随后发动了第一次世界大战。在当年大炼钢铁的过程中，很自然地产生了一个技术问题——如何测量铁水的温度？铁水的温度很高，有 1 500 多摄氏度，所有的温度计都不能测这样的高温。所以当时的钢铁工人只有大概的感觉——他们知道铁水的温度大致上与它的颜色有关系，比如如果铁水的颜色有点发黄，那么这个时候的温度肯定比铁水呈红色的时候要高。铁水的颜色就是由铁水发出的光波的波长决定的。当时在德国有一个叫维恩（Otto Fritz Franz Wien）的物理学家，他得出了一个经验公式，其公式指出，决定铁水颜色的最主要的光波长和铁水的温度是成反比的，这被称为维恩位移定理。

　　高温铁水发出的光，在物理上被称为黑体辐射。对于一个进行黑体辐射的物体来说，它总是处于温度的平衡态。也就是说，黑体辐射只有一个固定的温度，而且这个辐射有一个总的功率，当时波尔兹曼和他的老师已经得到了这个总功率，这个总功率是与温度的四次方成正比的。这个叫作斯忒番-波尔兹曼定理。

但是，问题的关键并不是总功率怎么计算。因为在实验室，辐射的总功率很难直接测量——从光学仪器的角度来说，要测量一个物体的辐射总功率需要用到光学的积分球。而积分球在当时的条件下是做不出来的。所以，从现实角度考虑，当时大家所关心的其实是每个不同的频率（波长）上的辐射功率是多少，因为不同频率上的光辐射功率可以用光栅光谱仪来测定，所以在这里实验可以去检验理论到底对不对。这就好像一个国家的财政部肯定知道整个国家的总财政收入，但其实更应该关心的是各个省的财政收支情况。

普朗克（Max Karl Ernst Ludwig Planck）是第一个解决黑体辐射问题的人。他以熵公式为基本的物理工具来解决这个事情。当时人们已经知道，黑体辐射是电磁波，而电磁波可以被看成是一种光子气体，也有压强，与平常的气体一样，电磁波也有熵和内能。而且可以从各个角度证明辐射气体的能量密度和压强成正比，只差一个常数 1/3。所以，光会产生所谓光压，一束光打在电风扇的叶片上，电扇叶会旋转。

但是，辐射气体的熵和能量密度到底有什么关系呢？不同的学术流派得到不同的结论。一种流派得到的熵和能量密度的微分与温度负的一次方成正比。而另外一个流派得到的熵和能量密度的微分与温度的负二次方成正比。

这两个流派的结果都是有点对，但不是完全对，也就是说，他们的理论都不完全符合实验。当时有一个实验家叫鲁本斯（Peter Paul Rubens），他告诉普朗克，这两个流派的理论一个在长波处与实验相符合，另一个在短波处与实验相符合。普朗克听到这个消息，决定做一个简单的裁缝工作，把那两条一长一短的裤管做成一条裤子。办法非常简单，用通分的办法就可以把两个式子整合起来，引进一个待定系数就可以。这个方法在实验数据的处理中非常常见，就是"内插法"。这个办法就类似于求一个班级的学生的身高平均值，我们可以先求出男生的平均身高，再求出女生的平均身高，然后再整合起来，得到一个新的平均数值。普朗克通过这个办法，得到了一个简单的微分方程，一积分，就得到了后来被称为普朗克黑体辐射曲线的那个方程。

普朗克发表了他的黑体辐射曲线方程，这一天是 1900 年的 10 月 25 日。发表以后，他辗转反侧，因为他觉得这个方程是凑出来的，具体的物理机制不清晰。于是他需要寻找一个物理上的解释。两个月以后，他发现如果采取"能量子"的概念，就可以解释这个曲线方程。

什么是"能量子"呢？其实说起来也很简单，那就是只要假设发射出电磁波的黑体是一堆谐振子（相当于肉眼看不见的小弹簧），这些谐振子在每个频率上的能量不是连续的，而是一小份一小份的，就好像我们的人民币一样，有一个最小的单位，那就是 1 分钱，我们不可能支付出 0.0234 分钱给别人。能量子也是同样的，这个最小的能量单位就被叫作"量子"。普朗克提出量子的概念以后，成为了量子力学之父。

霍金在书里写到黑体辐射的时候，突然就跳到了海森堡（Werner Karl Heisenberg）的量子力学。其逻辑有很多跳跃，对外行的读者来说是比较难以理解的。本书将在这里做一些补充。

普朗克在 1900 年提出量子的概念以后，一直到 1905 年，并没有人理睬普朗克的工作，因为他自己虽然提出了这个假设，但其物理意义完全脱离了经典物理学的习惯，所以大家根本就不置可否。但是到了 1905 年，情况有了很大的变化，那就是爱因斯坦这个小伙子冒了出来。在 1905 年的时候，爱因斯坦写了一篇论文，使用了普朗克的量子假设去解释光电效应。在这个过程中，爱因斯坦其实提出了"光量子"的概念。

量子到底具体指的是什么东西呢？其实量子既可以是光子，也可以电子，也可以是中微子，甚至可以是一只猫（也就是所谓的薛定谔的猫）。一般来说，我们把可以用矩阵力学或者波动力学描述的物理对象都叫作量子。

爱因斯坦是第一个用光量子来解释光电效应的人，根据爱因斯坦的解释，电磁波的能量也是离散的，这个离散的能量包就是光子，也叫作"光量子"。也正因为爱因斯坦在这方面取得了成功，所以后来授予爱因斯坦诺贝尔物理学奖的时候，获奖理由主要还是因为这个光电效应。爱因斯坦的光电效应为什么能得奖？很有可能是因为得到了普朗克的力挺，当然一开始普朗克是不支持爱因斯坦的光量子的思想的，因为一开始普朗克觉得发射电磁波的光源谐振子的能量是离散的，但电磁波的能量还是连续的，而爱因斯坦的光量子理论，相当于认为电磁波的能量也是离散的了——因为光也是电磁波。不过，后来随着时间的推移，普朗克改变了自己的态度，觉得爱因斯坦是对的。普朗克看到爱因斯坦支持与发展了自己的量子理论，所以对爱因斯坦其实是很欣赏的。作为长辈，普朗克后来也力挺了爱因斯坦的相对论，称爱因斯坦是"活着的哥白尼"。这当然是给当时还在专利局上班的爱因斯坦提供了巨大的支持，也提高了爱因斯坦在学术圈的知名度。

有了光量子的概念以后，我们才可以谈论"不确定性原理"。

霍金在书中说，因为光波波峰之间的距离是一个波长，而波长不能无限小，所以用光去测一个微观粒子的位置的时候，如果这个粒子的大小小于光的波长，那么很明显这个粒子的位置就不能被测定。这个说法在物理上是站得住脚的。从这个意义上来说，其实对于微观的粒子，存在一种"测不准关系"。这种测不准的关系其实可以从实验上来直观理解，这里的潜台词是用光作为探针去测量比光波长还小的东西。

测不准关系在物理上比较容易理解。因为任何微观粒子都具有波动性，都是一个物质波。所以其波长都不是无限小的，因此当把这个微观粒子作为探针的时候，就不能探测到比这个波长更小的物体——波容易绕过去，就好像我们人说话的声音可以绕过门缝一样。所以，测不准原理的背后其实是"物质波"的假设。而物质波是德布罗意提出来的，他的这项工作其实是在海森堡提出不确定原理之前完成的。但霍金在写作的时候，把德布罗意的事情忽略了。

这里必须要补充的是德布罗意的物质波思想。德布罗意（Louis Victor de Broglie）认为，既然光波有粒子性，那么粒子是不是也应有波动性呢？1923年，他依据狭义相对论，提出了物质波的思想，指出不仅光波是粒子，而且电子等粒子也是波。物质微粒与光一样，具有波粒二象性。这种物质波，后来就称为德布罗意波。有了德布罗意的思想以后，其实我们就有了波粒二象性。也就是说，一个微观的客体，它其实既是粒子又是波。正因为存在波粒二象性，所以才会有后面的不确定性原理。

不确定性原理的意思是说，一个粒子的位置与动量是不能同时确定的。这个从我们前面讲过的测不准原理就可以理解到。但是，不确定原理是一个数学原理，实际上它来自傅立叶变换与德布罗意的物质波思想。也就是说，在傅立叶变换中，一个粒子的位置与动量是相互对偶的，这种相互对偶的力学量之间——在数学上可以证明——一定存在所谓的不确定性关系。也就是说，在德布罗意的物质波的基础上，动量的不确定度与位置的不确定度之间的乘积应该要大于普朗克常数。在霍金的书中，他把动量的不确定度写成了质量与速度的不确定度的乘积，这当然也是可以的。因为动量等于质量与速度的乘积。

不确定原理其实是量子力学核心思想，这个东西是纯数学的结果。正因为它是纯数学的，所以本质上它与测量无关。只不过测不准原理可以给这个不确定原理以启示。事实上，海森堡的计算表明，一个微观粒子的位置不确定度 $\triangle q$ 和动量不确定度 $\triangle p$ 必须满足如下关系：

$$\triangle p \times \triangle q > h/2\pi \tag{4.1}$$

这就是不确定原理的数学表达式。这个结果很是惊人，因为这里面有一个不等号。电子的位置分布和动量分布，不能同时确定。这其实违反了我们日常生活的经验。当然了，对于量子力学来说，这却是很正常的事情。

不确定性原理是量子力学中最深刻的东西，因为按照这个原理，1922 年海森堡初次见到玻尔（Niels Henrik David Bohr）的时候问的那个问题便迎刃而解，当时海森堡问玻尔，电子从一个状态变到另外一个状态，这中间是否需要时间。实际上，这个时间$\triangle t$与电子的两个状态对应的能量差$\triangle E$有关系，根据不确定性原理可以马上得到

$$\triangle t > h / (2\pi \triangle E) \qquad (4.2)$$

不确定性原理有什么用呢？我们在前面已经解释过了，这主要是可以用来解释霍金提出的黑洞热辐射。因为真空中可以突然出现虚粒子对，这些虚粒子对的能量就是从真空中借来的，也就是说存在能量的不确定，而能量的不确定对应的是时间的不确定。而在黑洞的背景下，这种不确定性与黑洞的弯曲时空相结合，就可以发生黑洞的热辐射。

不确定性原理后来还帮助日本的物理学家汤川秀树推导出了原子核内介子的质量。1935年，汤川秀树提出原子核内交换力的思想，并因此获得1949年诺贝尔物理奖。他认为质子与中子等核子之间的核力，是由于交换介子而产生的，汤川还利用不确定性原理，预言了介子的质量。因此不确定性原理是一个非常强悍的定理。

## 4.4　量子力学的建立过程

霍金介绍了不确定性原理之后，他开始提到"量子力学"的建立。在这个过程中，他提到了海森堡、薛定谔与狄拉克的名字。

那么，量子力学的海森堡表述到底是怎么建立起来的呢？这个还得从1925年5月的北海赫尔兰岛这个地方说起。

当时海森堡得了枯叶草病，是一种花粉过敏的病，需要在一

个没人的地方避一段时间。他是一个博士后，合作导师是波恩。当时的海森堡其实只有 24 岁，所以他的思想比较开放。他思考量子力学的过程大致如下。

当时的海森堡在赫尔兰岛听见海浪的声音，他觉得海浪哗哗的声音很有节律，这个单调的节律在海森堡听起来是一个周期运动。当时其实他的脑子里还想着另外一个周期运动，那就是电子绕着原子核的圆周运动——这是玻尔的模型，但他看出玻尔的模型有一个缺点，那就是电子绕着原子核的圆周运动是观测不到的，用物理的语言来说，那就是轨道不是可观测量。玻尔的模型那么单调，简直有些无聊，因为电子的圆周运动的轨道根本是看不到的。只有光的频率和强度，才是可观测的。于是，海森堡决定干掉玻尔的电子轨道模型！

海森堡想到，如果存在电子轨道的周期运动，其对应于一个圆周运动。所以，电子轨道是时间的周期函数。而他知道，在数学上，任何一个周期函数都可以展开为傅立叶级数。那么这一展开的傅立叶级数中一定含有某一个圆周运动的频率。

但是，问题来了，海森堡发现，这个傅立叶级数不应该使用正常的傅立叶级数，因为原子发光的时候，光的很多频率并不是等间隔分布的，光谱线的频率之间基本上显得杂乱无章，但这些频率也可以作为一种变异的傅立叶级数的展开频率——这就好像人民币一样，不是以等间隔的纸币发售，如 1 元、2 元、3 元、4元、5 元、6 元等，而是 1 元、2 元、5 元、10 元等基本面值，但这些面值同样可以展开去支付任何需要支付的钱款数目。如果这种变异的傅立叶级数展开是可行的，那么两个轨道的乘积满足一个很奇怪的求和规律。海森堡当时还不太清楚这个奇怪的求和规则其实就是矩阵的乘法。但他做的一件事情是把电子的圆周运动的轨道写成了光谱的频率的傅立叶叠加。他把这个思想写成了一篇看起来杂乱无章的文章。据物理学历史记载，海森堡是在深夜完成这篇文章的，在写完文章后，已经是凌晨，东方已经露出鱼肚白，海森堡困意全无，他走出门，跑到远处的山崖上，静等旭日的升起。

海森堡从北海回来，把文章交给玻恩阅读，问道："这篇文章值得发表吗？"玻恩看了他的文章，说："你的文章值得发表，而且我认为你的文章里那些奇怪的求和规则其实就是矩阵。"

在征求完玻恩的意见后，海森堡就发表了他独自署名的文章，也是第一篇矩阵力学的论文：《关于运动学和动力学的量子力学解释》，这在历史上被称为"一人文章"。文章中很奇怪的乘法求和法则被玻恩一语道破天机，认定这个乘法求和规则正是英国数学家凯莱所定义的矩阵乘法。这篇文章奠定了量子力学的基础，所以量子力学也被称为矩阵力学。量子力学的一开始的基本语言是矩阵，这起源于玻恩的贡献。

1925 年在量子力学出现之前的漫漫长夜之中，当别人还在对电子轨道恋恋不舍、犹豫不决时，彻底抛弃那些看不见的轨道的海森堡终于发明了一套新数学方案——变异的傅立叶级数展开，它会导致一种新的犹如九九乘法表的东西，只不过参与乘法的已经不是整数，而是矩阵了。当时，矩阵对物理学家来说还是一个很神秘的东西。

在谈到量子力学以后，霍金接下来介绍了量子力学的另外一个基本原理，那就是"波粒二象性"。前面已经说过，"波粒二象性"实际上是德布罗意提出来的。德布罗意是法国人，在他的家族里有人担任法国内阁的高官。所以第一次世界大战以后，德布罗意就开始跟随法国著名物理学家郎之万攻读物理学博士。德布罗意认为，爱因斯坦通过光电效应的光量子假说证明了光波有粒子性，那么接下来的问题就是，电子等其他粒子是不是也应有波动性呢？1923年，他依据爱因斯坦的狭义相对论的参考系变换的一些数学结果，提出了物质波的思想，指出不仅光波是粒子，电子等粒子也是波。物质微粒与光一样，具有波粒二象性。这种物质波，后来就称为德布罗意波。他把这一研究过程写进了自己的博士论文中。但是法国的博士论文是不发表的。他的老师郎之万对这一工作又兴奋又不安。兴奋的是，他的学生可能得出了重大发现，不安的是，德布罗意本科读的是历史专业，他的物理基础知识并不是十分扎实，这个理论万一错了怎么办？于是，郎之万写信给爱因斯坦，告诉他自己的学生做了一件非常"有趣"的工作。爱因斯坦看到朗之万的信后，对德布罗意的发现大加赞赏，并在自己的一篇论文中，提到德布罗意的物质波。这就是"波粒二象性"的研究过程。

霍金在书中只是提到了"波粒二象性"，随后他介绍了光子与电子的波动性的实验——双缝干涉实验。这里可以补充的是，双缝干涉实验其实与一个叫托马斯·杨（Thomas Young）的人有关。

1801年，英国青年科学家托马斯·杨完成了双缝干涉实验，证实了光不是微粒而是波。托马斯·杨是历史上有名的神童、才子，他两岁的时候就能读书，4岁的时候将《圣经》通读了两遍。14岁时已通晓拉丁、希腊、法、意、希伯来、波斯和阿拉伯等多种语言，还会演奏多种乐器。他在物理、化学、生物、医学、天文、哲学、语言、考古等领域都有贡献。托马斯·杨最先在当医生的时候，研究视觉，发现了眼睛散光的原因，转而研究光学，完成了光的双缝干涉实验。他认识到光是横波，并提出了颜色的三色原理。此后他还破译了埃及的拉希德石碑上的一些文字，对考古学做出了重大贡献。所以，经过托马斯·杨的工作以后，大家已经知道光具有波动性。后来，则是有人做了类似的与托马斯·杨的工作，证明了电子也是有波动性的。

随后发生的事情就与薛定谔（Erwin Schrödinger）有关了。奥地利的物理学家薛定谔从爱因斯坦的论文中知道了德布罗意的工作。不久，他又拿到了德布罗意的博士论文。薛定谔对德布罗意的工作评价甚高，并在苏黎世工业大学的报告会上向与会者介绍了这一工作。作为听众的德拜教授问薛定谔，电子这种物质微粒既然是波，那么它有没有波动方程呢？薛定谔明白这的确是个问题，也是一个机会。于是他立刻埋头苦干，终于在 1926 年上半年找到一个方程，这就是著名的薛定谔方程。薛定谔把力学量看成算符，用波来描写粒子的运动，与之有关的力学称为波动力学。

因此，薛定谔的波动力学与海森堡的矩阵力学一起，成为量子力学的两大基础理论。而且这两个基础理论其实是等价的。这标志了量子力学的真正建立。

随后几十年后，费曼（Richard Phillips Feynman）发展了量子力学的路径积分理论，在这个基础上，量子力学的三大基础理论就全部建立起来了。而路径积分理论也在《时间简史》中的第四章被提及。

最后，需要强调的是，量子论与量子力学两者之间是有区别的。量子论是 1900 年普朗克提出黑体辐射公式的时候开始出现的，那时候出现的不是量子力学。因为那时候还没有真正的量子计算工具，只有一些量子的思想。这个时期也叫作旧量子时期，大概持续到 1925 年结束，结束的标志是海森堡提出矩阵力学。在这 25 年的时间内，旧量子理论的成就还有卢瑟福（Ernest Rutherford）的原子模型以及玻尔的对应原理等。在这个过程中，爱因斯坦提出的光量子理论也可以看成是旧量子时期的巨大成就。

1925 年以后，进入了量子力学时代，也就是新量子时代。其主要标志除了海森堡的矩阵力学，还有薛定谔的波动力学，以及狄拉克（Paul Dirac）的表象理论等，这些事情都发生在 1925 年到 1928 年之间。严格意义上来说，经过这 3 年，量子力学才终于建立起来了。后来狄拉克等人把量子力学做了二次量子化，还得出了量子场论，这是后话。

# 基本粒子到底怎么分类?

## ⁀ 5.1 还原论与衍生论的区别

在《时间简史》第五章，霍金主要介绍了粒子物理学的基本内容。这一部分内容其实与宇宙大爆炸的时候发生的物理过程有关系，因为基本粒子是在宇宙大爆炸的最初三分钟里产生出来的。

要了解基本粒子的情况，其实可以参考粒子物理的标准模型，自从 2012 年希格斯粒子被发现以后，这个模型已经被完全建立起来了——当然这个模型也有一些不完善的地方，比如不能解释为什么中微子会有质量。

霍金的书中首先提到的是德谟克里特的古典原子论，随后就是现代原子论。1905 年爱因斯坦对布朗运动的解释可以认为是发展了现代原子论。原子论的本质是一种还原论，在这个理论中，我们可以不断细分一个物体，最后得到最小的结构。这些最小的结构就是基本粒子，比如光子、电子、中微子、夸克都是基本粒子。所谓基本粒子就好像是数学中的素数，也就是说它不能再分解了。基本粒子就是最小的物质组成的单元。不过，虽然很多人经历了还原论的洗礼，但实际上现代物理学还有一种与还原论相对应的理论，那就是"衍生论"。

虽然说世界上所有的东西都是原子构成的，但为什么一个铁原子与一个硅原子不能进行计算，而由它们组装而成的电脑（计算机）却能看电影玩游戏呢？这就需要用到"衍生论"的思维，而不能仅用"还原论"去解释。所谓"衍生论"其实是基于统计物理与固体物理学，这个观点认为多原子的相互作用能衍生出新的物理规律。比如单个原子不可能是超导体，但一桶水银在低温下就会具备超导性，而且这个超导的物理规律是衍生出来的——这就好像在办公室里，很多人在一起，可能衍生出办公室爱情，或者衍生出办公室政治，这是一种集体行为，不是单个人可以出现的现象。在衍生论中，一切现象都是多原子的相互作用激发而来的。

## 5.2　原子时代基本粒子的发现

再回到"还原论"，霍金在书中介绍了汤姆生（Joseph John Thomson）发现电子、卢瑟福发现质子以及查德威克（James Chadwick）发现中子的事情。这些事情当然已经被人熟知，甚至已经写进了中学的物理教科书。不过可以补充的是，汤姆生发现电子以后，他实际上发明了地球上第一台质谱仪，利用磁场对电子电荷的影响，可以测出电子的质量。这是一个伟大的进步，因为电子的质量非常小，能把这个事情做好，说明人类对微观世界有了观测能力。

所以，整个事情的发展过程其实是一个师徒接力的活动。1897年汤姆生发现电子，1904年他对整个原子的结构提出了模型——西瓜模型。

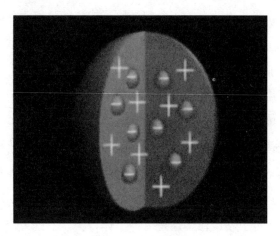

图5-1　西瓜模型

在西瓜模型中，整个原子有一个实心的带正电的西瓜，电子则像西瓜子一样嵌在球里面。

1908年，汤姆生的学生卢瑟福做了α粒子（也就是氦原子核）散射实验，他用α粒子去轰击金箔片，发现有一些α粒子被反弹了回来，根据西瓜模型，因为原子里没有一个大质量的正电荷中心，所以这个实验就好像用迫击炮去打一张纸，但实验结果却发现炮弹被反弹了回来——这说明西瓜模型不对。

所以卢瑟福认识到原子不是一个实心球。他认为原子有一个小而致密的带正电的核，电子像行星围绕太阳转一样，绕着原子核转。在电子与核之间是"巨大"的真空。这就是卢瑟福太阳系原子模型。

实际上在这个过程中，卢瑟福发现了质子。质子其实是原子中的一个大质量正电荷粒子。这就是卢瑟福的太阳系原子模型，但这个模型也有两个问题。第一是不能解释原子光谱，第二是不能解释原子的稳定性——按照电磁理论，电子绕原子核旋转是加速运动，应该辐射电磁波造成能量损耗。这将使电子逐渐落到原子核上。这个问题最后由卢瑟福的学生，年轻的丹麦物理学家玻尔进行改造——他提出轨道量子化的思想和电子跃迁的概念，强行假设电子在特定轨道上是稳定的。

而查德威克发现中子的事情则更加离奇。当时已经很有名气的约里奥−居里夫妇（Joliot−Curie）在实验室中观测到一种穿透力非常强的、不带电的、看不见的射线。他们误以为这是特别硬、波长特别短的 $\gamma$ 射线（不带电的一种短波长光线，由原子核发出）。约里奥−居里夫妇公布了他们的实验结果。

当时在剑桥大学卡文迪什实验室的查德威克一看到约里奥−居里夫妇的实验结果就觉得约里奥−居里夫妇发现的可能不是 $\alpha$ 射线，他多了一个心眼，想自己做一个类似的实验来验证一下。

查德威克师从卢瑟福教授。当时卢瑟福已经测定了 $\alpha$、$\beta$、$\gamma$ 射线，对核反应和放射性做了大量创造性的研究。卢瑟福不仅会搞研究，而且擅于教育、启发学生。他培养了一大批优秀学生，其中 11 人获得了诺贝尔奖，玻尔和查德威克就是其中的两个。卢瑟福既能做实验又具有很高的理论水平。他早就认为，原子核中应该有一种电中性的粒子存在，但一直没有找到。查德威克深受老师的影响，一心想要发现中子。因此他一看到约里奥−居里夫妇的论文，就高兴得不得了。查德威克马上设计了一个类似的实验，果然发现了同样的射线，他立刻写了一篇短文给《自然》杂志，题目是《中子可能存在》。1932 年，他又在《英国皇家学会通报》上发表了一篇长文《中子的存在》，详细报告了自己的工作，他的文章中的计算过程其实只用到简单的高中物理知识，也就是能量守恒定律与动量守恒定律，但这已经够了。

查德威克因为发现中子获得了 1935 年的诺贝尔物理奖。在诺贝尔奖评委会上有人主张约里奥－居里夫妇与查德威克分享这一奖金。卢瑟福说："这次就给查德威克吧，约里奥夫妇那么聪明能干，他们以后还会有机会。"约里奥－居里夫妇让发现中子的成果从手中滑过，感到非常懊恼。"机遇只钟情于有准备的头脑"，他们的头脑对发现中子没有准备，所以错失了这次机会，也相当于送给了查德威克一个诺贝尔物理学奖，后来查德威克还成了英国原子弹的设计负责人。

电子、质子和中子被发现后，人类对原子的认识就到达到了一个新高度。

### 5.3　亚原子尺度内基本粒子的发现

随后的故事则要进入亚原子的世界，尤其是要进入质子与中子的内部，那就是夸克的发现。

霍金当然也写到了夸克的故事。美国的盖尔曼（Murray Gell-Mann）提出夸克理论，当时他认为有 3 种夸克代替质子、中子和 λ 超子作为基础粒子，认为一切基本粒子都是由夸克组成的。为此，盖尔曼获得了 1969 年的诺贝尔物理学奖。但实际上夸克有 6 种而不仅仅是 3 种。不过科学认识的发展不是一蹴而就的。

那么，盖尔曼为什么要提出夸克模型呢？

在 20 世纪 60 年代，当时的物理学界发现了很多质子与中子的堂兄弟，而如何对这些新发现的粒子进行分类，就成了一个基本问题。霍金没有提到一件很重要的事，这里需要对此进行细说，那就是质子与中子除了电荷不一样，其他方面都很相似，比如质量差不多（差距小于百分之一），自旋也是一样的。所以，海森堡一开始提出了一个对称性来解释这种相似性，那就是所谓的同位旋对称性。而随着岁月的推移，质子与中子的很多堂兄弟粒子得以发现，为了解释这些兄弟粒子的出现，盖尔曼也从对称性出发，利用群论来解释这些粒子。于是出现了所谓八重态与十重态，基本囊括了当时发现的一些强子（所谓强子就是参与强相互作用的粒子，关于相互作用的分类我们会在后续的文章中提到，这也是霍金在本章中介绍的主题），而且，根据这个对称性的分类，盖尔曼还预测了新的粒子的存在性，后来果然在实验中被找到，所以这也反映出盖尔曼理论的正确性。盖尔曼的理论简单来说就是 SU（3）对称理论，可以看成是对海森堡的同位旋理论的发展。

盖尔曼的 SU（3）理论一开始以 3 种夸克作为假设基础。这 3 种夸克分别是上夸克、下夸克与奇异夸克。1962 年美国建造了斯坦福直线对撞机，当时的实验物理学家用高能的电子去撞击质子，他们发现质子好像没有那么硬——里面有点软绵绵的，所以物理学家也开始相信盖尔曼的理论，觉得质子是由夸克组成的。后来，到了 1967 年，欧洲也建设了环形的质子对撞机，当时质子对撞后的结果也很让人惊讶——夸克是撞不出来的。

所以，事情陷入了尴尬的境地，既然质子由夸克组成，那么为什么夸克不能从质子里被撞出来呢？这就好像两个汽车对撞，无论撞击的能量多高，总是没有一个汽车的轮胎能被撞飞一样。

这后来被发展出一套理论，也就是所谓的"夸克禁闭"理论，这个理论说夸克是在质子内部这座监狱里服无期徒刑。至于为什么会发生"夸克禁闭"，这需要用后来的量子色动力学来解释，简单地说，夸克与夸克之间存在强相互作用，它们之间好像是由弹簧拉着，这个弹簧很难断开，一旦断开，在断开的地方又会出现新的夸克——就好像磁铁一样，当你把一个条形磁铁摔断的时候，它会出现新的南北极，而永远不会得到磁单极。

于是，我们可以先把 3 种夸克的理论搁置在一边，看看历史是怎么发展的。到了 20 世纪 70 年代，华裔物理学家丁肇中在实验中发现 J－Ψ 粒子，要解释这个新粒子，需要第 4 种夸克，这迫使人们不得不再增加夸克的数目，于是丁先生相当于间接发现了第 4 种夸克，那就是所谓的"粲夸克"。到了 1995 年，夸克已增加到"6 种味道、3 种颜色"，即有 6 种夸克及其反夸克，每种还分 3 种颜色。丁肇中发现的伟大之处在于——他是在理论物理学家预言的范围之外，找到了新粒子，从而迫使理论工作者修改他们的理论。丁肇中获得了 1976 年的诺贝尔物理学奖。

关于夸克的故事还可以谈很多，霍金的书里对这部分的描述很简练。对于阅读《时间简史》的读者来说，只需要知道夸克有 6 种，而质子与中子都是由夸克组成的，就足够了。

## 5.4 基本粒子的基本量子属性：自旋

随后，霍金的笔锋一转，写到了自旋。人类对基本粒子的认识，一开始是按照质量来分类的，但后来发现质量分类不行，粒子的质量没有什么明显的规律。所以，后来才可以按照自旋来分类，而自旋要么是整数要么是半整数，分类起来非常简洁，这让我们对基本粒子的世界有了一个简单的二分法。

自旋又是怎么回事呢？

自旋这个概念一开始也是从原子中电子的分布规律中提炼出来的。当时为了解释元素周期表，泡利提出不相容原理，认为每个状态只能容纳一个电子，从而解释了核外电子的壳层分布。但是，为何一条轨道上可以有两个电子，而不是一个呢？按照泡利的不相容原理，这两个电子应该处在不同的状态——这就需要认定同一轨道上两个电子的量子数是不一样的，那就是自旋不一样。

当时有两位荷兰青年，他们的名字是乌伦贝克（George Eugene Uhlenbeck）和高斯密特（Samuel Abraham Goudsmit）。他们提出了电子自旋的概念，认为同一轨道上的电子可以有两个相反的自旋态。这就解释了同一轨道可以有两个电子存在的原因。这是对不相容原理的一个有力的支持，但没想到的是泡利却反对电子自旋的观点。老一辈的物理学家洛伦兹也认为，如果电子有自旋，按当时确定的电子半径推算，电子边缘上的线速度会超过光速——而这违背相对论理论。

但是，这两个年轻人乌伦贝克和高斯密特还是因为阴差阳错的原因，在杂志发表了他们关于电子自旋的相关论文。

乌伦贝克和高斯密特的老师还安慰他们道："你们还年轻，发表一两篇错误的论文没有关系，来日方长。"

没想到文章发表后，立刻得到玻尔和海森堡等人的支持，电子自旋的观点后来被证明是正确的。但是，不能把电子的自旋看成是一种自转——这样确实会出现洛伦兹所说的问题。其实，电子的自旋是一种量子效应，可以看成是一种没有经典世界对应的东西，从数学的角度来说，电子的自旋是一种角动量，满足一般角动量的李代数关系。

而霍金在书里写到的自旋 1/2 的粒子，要旋转 720 度才能回到原来的状态，这也是从数学的角度来说的。如果想要更直观地理解霍金的这个说法，可以去看看《费曼物理学讲义》中关于手托茶杯转手腕的那段描述。

所有的基本粒子都有自旋，物理学家把自旋是半整数的粒子叫作费米子，而把自旋是整数的粒子叫作玻色子。有了玻色子的概念以后，霍金就写到了本章的后半部分，也就是四种基本的相互作用。

所谓相互作用，其实就是力。但在微观世界，力的大小不好衡量，所以一般用所谓的相互作用来区分不同的力。在宇宙中，有四种基本的相互作用，分别是引力相互作用、电磁相互作用、弱相互作用与强相互作用。这些相互作用都是通过玻色子来传递的。比如引力相互作用被认为是由引力子传递的（当然这是假设，目前在实验上还没有看到引力子）。而电磁相互作用是由光子来传递的，弱相互作用由 W 与 Z 玻色子传递，强相互作用由胶子传递。

## 5.5 四种相互作用

我们先来介绍一下引力相互作用，这是从牛顿到爱因斯坦一直在研究的内容，实际上也就是我们老百姓最熟悉的重力。

引力相互作用至今没有被量子化，所以引力子这个概念还是一个假设。在霍金的书里也谈到了引力子。引力子的自旋等于 2，引力子是没有静止质量的，所以它可以以光速运动，传递长距离的相互作用。不过，引力子一直是一个很神秘的事物，从霍金写书到现在已经过去了 30 多年，引力子一直没有被找到。所以我们不能肯定引力子是一定存在的。现在描述引力的基本理论还不是量子化的，主要就是经典的广义相对论。

书中接下来谈到的是电磁力。要了解电磁力，现在大学物理系所学的教材之一是《电动力学》。《电动力学》不是讲电动机，而是讲麦克斯韦方程。麦克斯韦方程天生就不考虑引力，只描述电磁场。当然，在电磁场中有一些微妙的情况，从方程里可以看出来，电磁波的速度居然是光速。

于是，电磁理论有一个基本问题——我们知道速度是依赖于参考系的，那电磁波的速度等于光速，是在什么参考系里说的？后来爱因斯坦进行了研究，结果大吃一惊，发现对于任何惯性参考系，电磁波的速度都是光速——这其实就等价于狭义相对论。于是，1905 年之后，爱因斯坦发展完善了狭义相对论的全部思想。

后来，到了 1915 年，为了解决狭义相对论与万有引力的矛盾，爱因斯坦得出了广义相对论。所以在光速这个意义上，电磁理论是与相对论挂钩的。

如果从量子的层面来考虑电磁力，则可以走得更远。那就是在量子电动力学中，那里有虚光子的概念，很多电磁相互作用是由虚光子传递的。这个在霍金的书上也写到了。

加了量子化以后，我们可以得知，电磁相互作用的强度会随着能量跑动，这就是所谓的跑动的耦合常数。于是，这里就出现了一个可能性，就是在一定的能量上，电磁力的强度会等于弱相互作用的强度。这就是霍金写弱相互作用的时候，提到的电弱统一理论。

电弱统一是由格拉肖（Sheldon Lee Glashow）与温伯格（Steven Weinberg）以及萨拉姆（Abdus Salam）等人完成的。其主要意思是说，随着能量的增加，弱相互作用会变强，最后达到电磁相互作用一样的强度——这是什么意思呢？我们可以给一个大致的解释，前面已经说过，传递弱相互作用的是 W 与 Z 玻色子，这些粒子是有静止质量的，它们的质量大概是 100 吉电子伏特（大概是质子质量的 100 倍），但是，我们知道，在能量远比100 吉电子伏特高的时候，这些粒子的速度就会接近光速，W 与 Z 玻色子也可以看成是以近似光速运动的，这个时候就可以把它们看成是光子那样的无静止质量的粒子。而光子传递电磁相互作用，所以在这个时候，电弱相互作用是可以统一的。当然，要完整解释电弱相互作用的统一，还需要用到所谓的对称破缺的概念，也就是所谓的希格斯机制。

希格斯机制会预言一个希格斯粒子，在霍金写《时间简史》的时候，这个希格斯粒子还远远没有被发现。希格斯粒子是 2012年在欧洲核子中心的强子对撞机里撞出来的标量粒子，自旋等于

0，质量是 125GeV。在这里，eV 是电子伏特，是一个能量单位。GeV 等于 109 电子伏特。其中质子的静止质量大概是 1GeV，所以一个希格斯玻色子大概等于 125 个质子的质量。

在粒子物理的标准模型中，希格斯玻色子是一种激发态，它是希格斯场中激发出来的。希格斯场充满了整个宇宙。大部分粒子的质量来自于与希格斯场的耦合。2012 年的 7 月 4 日，欧洲核子中心的两个探测器组一起宣布发现了希格斯粒子。所以这个粒子已经被发现，并且这个粒子的理论预言者在 2013 年马上被授予了诺贝尔物理学奖。

既然已经谈到希格斯粒子，那么我们索性梳理一下粒子物理的核心思想。粒子物理的四大理论基础分别是弱电统一理论、希格斯机制、规范场论，以及夸克的渐近自由理论。电弱统一理论是粒子物理学的四大理论基础之一，在 1967 年完成。此后，人们开始看到电弱相互作用与强相互作用统一的可能性。于是，格拉肖提出了 SU（5）大统一模型来统一除引力外的三个相互作用，其思路模仿的是盖尔曼的 SU（3）理论与弱电统一的 U（1）XSU（2）理论。

SU（5）大统一模型预言质子会衰变，但后来实验没有测量到这个现象，所以也宣告了 SU（5）大统一模型的失败。

接下来说说质子的寿命如何测量。单个质子的寿命在统计意义上肯定超过了宇宙的年龄，因此，只能用大量的质子才能测它的衰变周期。具体来说，一般就用纯净水，不过需要几万吨以上——因为水里面有质子。如果观测大量的纯净水，能探测到质子衰变的信号，通过水的多少，也可以算出质子的寿命。这个实验是在日本做的，当时小柴昌俊领导了这个实验，没有测到质子衰变的信号，但意外测量到了来自 16 万光年之外的超新星爆发的中微子信号，后来也意外得到了 2002 年的诺贝尔物理学奖。

霍金写到大统一理论下质子自发衰变的实验后，还提到了另外一件事，那就是正反物质的不对称。为什么正反物质不对称呢？我们的宇宙中，明显是正物质比反物质多，而且在我们这个宇宙中似乎并不存在一个反物质构成的世界。如果存在一个反物质的世界，那么正如霍金所写的那样，在正反物质世界的交界处，肯定要产生大量的辐射——因为正反物质会湮灭成光子。但目前看来，我们的宇宙中不存在这样的反物质世界。

正物质比反物质多，这是为什么呢？这个问题其实至今没有得到严格解决。不过，这一问题在理论上与所谓的 CPT 定理有关。其中 C 是电荷反演，P 是宇称反演（也就是空间反演），而 T 是时间反演。我们知道，微观世界的物理规律总体上来说是量子场论，而量子场论是满足狭义相对论与量子力学的基本规则的。而 CPT 定理说的是，满足狭义相对论与量子力学的量子场论，必然在 CPT 的联合变换下保持不变。这里说起来有点抽象，不过书中也提到了我们中国出身的物理学家李政道与杨振宁在这方面的贡献。这可能是霍金的《时间简史》中唯一出现华人的名字的地方。

### 5.6 宇称不守恒

霍金在书中写到，李政道与杨振宁提出了弱相互作用中的宇称不守恒的假设，这个假设被吴健雄用钴原子的贝塔衰变实验所证明。这里详细展开一下这个实验的过程。

那是在 1956 年春的一天，一个行色匆匆的年轻人走进了哥伦比亚大学普平实验室 13 楼的一间小屋，这是高级助理研究员的办公室，面积很小，看起来相当促狭。

一位女士说："政道，你来了。"

男子说："是的，听说你订好了回中国的船票？"

女子说："是的，我与我丈夫都是 1936 年离开中国的，现在朝鲜战争已经结束，我们想回中国去看看父母。已经整整 20 年没有见到父母了。"

男子说："嗯，我知道，我也离开中国有十多年了。但现在有一个重要的实验，想请你看看值得不值得做。"

女子说："很着急吗？我们已经订了伊丽莎白女王号的船票了。难道要我去退票？"

男子说："这个实验十分重要，与一个基本的左右对称有关。"

男子说完把手中的几张写满了公式的纸放到了女子的办公桌上。

女子很快把文章扫了一遍，说："你们要检验弱作用中的宇称问题？那我去与我丈夫说一下，我要留下来做这个实验，请问需要什么条件。"

男子说："我们先讨论一下实验方案吧。你也知道，弱作用分为好多类型，我们希望你能从贝塔衰变的角度来检验一下，宇称到底是不是守恒的。"

女子说："需要测量哪些物理量？"

男子说："我们建议测量原子核的自旋以及发射出来的电子动量的点乘，这是一个赝标量，你看可以吗？"

女子说："测量电子的角分布，我这里的实验条件应该还能满足，但如果要固定住原子核的自旋，则必须要采用现在最新的原子核极化技术，这需要超级低温，我们哥伦比亚大学目前没有这个实验条件啊。"

男子说："请问哪里有这个实验条件？"

女子说："荷兰莱顿与英国牛津大学的低温实验室有这样的低温技术，可以做原子核极化，他们是最专业的。在美国的话，国家标准局那里也可以做。"

男子说："那为什么不联系一下国家标准局呢？"

女子说："这个可以，另外，这个实验需要用什么样品？"

男子说："样品你应该比我内行啊。"

女子说："那就使用钴这个放射源吧。"

在上面这段情景模拟对话中，这位女子就是被称为核物理女皇的华人物理学家吴健雄。男子则是李政道先生。

钴原子在元素周期表中是夹在铁与镍之间的元素。钴 60 是 $\beta$—衰变核素，发射 $\beta$ 和 $\gamma$ 射线，$\beta$ 射线的最大能量为 0.315 兆电子伏，$\gamma$ 射线的能量有 1.173 210 和 1.332 470 兆电子伏特两种。钴 60 半衰期为 5.272 年，因为可以保存 5 年，所以一般也在医院的放射科使用。

钴 27 号这个元素还有一个故事，那就是在门捷列夫的元素周期表中，一开始钴 27 与它的隔壁邻居镍 28 的位置是错的，两个位置正好交换了一下，当时的写法是"钴 28 镍 27"。到了 1913年，伦琴早十多年前发现的 X 射线已经成为一门显学，很多物理学家研究不同元素所能发出的 X 射线的波长，其主要方法就是用 5 万伏特的电压去加速电子，然后打在金属样品上，观察其能发出的 X 射线的波长。在 1913 年这一年，莫塞莱发现 X 射线的频率的平方根与元素的核电荷数存在线性关系——因为可以通过样品的 X 射线的波长倒推出该样品的核电荷数。经过多次实验可以确定，钴是 27 号元素，镍是 28 号元素。

我们再来介绍一下当时李与吴想要做的事情。假设我们要播放幻灯片，如果有一张被砍断右臂的杨过（金庸小说《射雕英雄传》人物）的照片被做成了幻灯片，但幻灯片被不小心放反了，可以看到杨过被砍的手在左边。你马上会意识到放反了：不存在这样的杨过。但是，可以存在这样的人，长得与杨过一模一样，但被砍掉的是左臂。因为这不会违背物理学的常识。在经典力学中它不会出现什么矛盾，但是在量子力学中，却可能会出现问题。这就是李政道与杨振宁意识到的，在一个弱相互作用的量子世界里，一个被砍了左臂的人如果去照镜子，可能会发现镜子里一片空白。

量子力学中把镜面反射下保持不变的波函数称为偶宇称，也就是 +1 的宇称。这种情况下，波函数的波峰在镜面反射下依然是一个波峰；而对于奇宇称的情况，在空间反射下，波峰会变化为波谷。那么这是如何发生的呢，我们知道如果波函数所对应的角动量 L 为偶数，则波函数有偶数个波峰与波谷，这样在反射下是不变的，相反如果角动量是奇数，则波函数有奇数个波峰，在反转下峰就会变成谷。当然读者要注意，一般的波函数并不一定有确定的宇称。

当时物理学家在实验中发现的 $\theta-\tau$ 两个粒子，这两个粒子很像，很有可能就是不具有确定宇称的，换句话说，它处于一个宇称的叠加态上。你可能测到正的宇称，也可能测到负的宇称，这取决于外部的环境。

从实验的角度来说，想要直接测量宇称是有困难的，所以需要间接的办法。而这些办法与自旋磁矩这个东西有关。我们知道，电子就好像一个小磁铁——具有磁矩，因为电子是有自旋的。同样道理，原子核也像是一个小磁铁，因为原子核也是有自旋的。

而自旋会被磁场影响——在常温下，原子核的自旋 S 在空间中的指定的方向是随机的——因为如果没有磁场，空间各个方向都是等价的，原子核自旋 S 不知道自己该指向什么方向。

但是，一旦加一个磁场，用这个磁场来规定一个特殊的方向，那么原子核的自旋会靠近磁场的方向，最后与磁场平行。但如果不降低温度的话，这个磁场所产生的扭转力还没有热运动厉害，胳膊拧不过大腿，所以还需要降低温度。

在吴健雄等人在 1957 年验证弱相互作用的实验中，低温是最重要的条件，当时把钴$^{60}$制冷到了 0.011 5K。在这样的低温下，钴原子核外电子的所有能级都已经被冻结，核自旋可以被排列整齐。

吴健雄本身不是低温物理学家，她知道必须找到对原子核极化有清楚了解的优秀低温物理学家，共同进行实验工作。在华盛顿的国家标准局，有美国国内可以进行以低温环境达成原子核极化的实验室，吴健雄也打听到在那里工作的安伯勒（Emest Ambler），来自英国牛津的克莱文登实验室，而且是 1952 年在美国国家标准局做出核极化的实验成员之一。

于是，在 1956 年 6 月 4 日，吴健雄由纽约打电话到华盛顿国家标准局给安伯勒，正式邀请他共同来进行这一后来改变历史的实验。

"喂，你好，请问是安伯勒先生吗？"

"是的，你是哪位？"

"我是哥伦比亚大学的吴健雄，我想邀请您一起做一个物理实验。"

吴健雄打电话给安伯勒时，虽然她早已在原子核物理界享有一定的声誉，但是做低温物理实验的安伯勒，却全然不知她是何方神圣。于是他就打电话给另外一位原子核物理学家乔治·田默（G. Temmer）。田默和吴健雄一样，都是诺贝尔奖得主塞格瑞在加州伯克利的学生，是一个很优秀的实验物理学家，安伯勒几年前的原子核极化实验，正是和田默合作的。由于田默是由奥地利流亡来美国，是政治难民身份，20世纪50年代麦卡锡时期他的忠诚受到质疑，而被迫放弃政府部门国家标准局的工作。

安伯勒在电话中问田默："乔治，哥伦比亚大学有一位叫吴健雄的女科学家打电话给我，她提出的实验十分有趣。告诉我，她优秀吗？我现在应该去做这个实验吗？"

田默回答说："她蛮厉害的！她的工作早已经够教授资格了，只不过因为她是女性，现在哥伦比亚大学不给她教授资格，还是一个助理教授吧，但在我心目中，她已经是正教授了，哈哈。"

于是，安伯勒给吴健雄回了电话，答应可以一起参与实验，但需要吴健雄以书面的形式告诉他，他需要怎么做。

1956年的7月24日，吴健雄给安伯勒写了一封信，信中告诉安伯勒，对于在液态氦极低温度环境中探测 β 衰变的实验方案，她已经准备好。她建议他们应该见面进行讨论，并且和国家标准局的行政部门进行一些适当的安排。但是，安伯勒却说，7月末他正好要去休假，等他休假回来再给她安排这个实验。这让吴健雄十分窝火。她为了做这个实验，退掉了船票，没有回中国探亲，而这个安伯勒却在十万火急的时期还要去休假。这简直太让人生气了。但是，资源掌握在别人手里，她只能忍了。

9月中旬，吴健雄终于到了华盛顿，和休假回来的安伯勒见面。安伯勒这位后来当了美国国家标准局局长的英国科学家，给她留下的第一印象相当好。吴健雄说，安伯勒本人一如他们无数次电话通话中给她留下的印象一样：说话温和、做事能干、有效率，最重要的是他身上有一种能使人受到鼓舞的自信。

安伯勒带吴健雄参观他们的实验室，并且介绍她认识了哈德森（R. P. Hudson）。哈德森和安伯勒同样出身于英国牛津克莱文登低温实验室。他和安伯勒在国家标准局继续合作进行许多低温物理方面的工作，包括在低温中将原子核极化的实验。这位当时职位是安伯勒顶头上司的科学家，也加入了吴健雄的实验组，成为一个合作者。

由于这个实验在观察宇称守恒的 β 衰变方面，以及确定放射源极化的 γ 射线各向异性测量方面，都需要用到许多电子测量仪器，因此他们向国家标准局另外一位物理学家海沃德（R. W. Hayward）借用了电子仪器。一方面由于有这个渊源，另一方面由于最早由吴健雄派往标准局进行实验的两个学生和标准局科学家的合作不太顺利，在安伯勒的建议下，海沃德以及跟他做实验的一名研究生哈泼斯（D. D. Hoppes），便取代了吴健雄的两个研究生。因此，后来这个实验组的正式组合中除了吴健雄之外，其他全是美国国家标准局的科学家。这实际上就形成了一种很微妙的格局，虽然吴健雄对整个实验方案具有决定权，但硬件资源都受到国家标准局的人的控制。因此，这个 1 女 4 男的 5 人小组本身就潜伏着一定的合作风险。

吴健雄和四个国家标准局的科学家，便正式开始了他们的实验。科学实验中会碰到各种困难，这本就是对科学家最大的挑战，而且由于他们从事的实验特别精密和复杂，因此更是遭遇了许多意想不到的问题，进展十分不顺。

譬如说，为了将晶体组合起来，形成一个大的屏蔽，必须在晶体上钻孔，再将之黏合起来。他们得到晶体专家的意见，知道要用压力向内的牙医牙钻钻孔，才不会使很薄的晶体崩裂。而黏合晶体的黏结剂，在极低温中会失效，他们又改用肥皂，甚至用尼龙细线绑住。另外如何克服在液态氦低温下液体变成超流体而引起的外泄问题，以及如何测量低温环境的 β 衰变，利用一支长的透明树脂棒导出观测等，都花了相当多的工夫，这些困难凭借吴健雄和国家标准局四位科学家过去多年的经验，才一一克服。

在实验进行过程中，由于吴健雄在纽约哥伦比亚大学还有教学和研究工作，因此每个礼拜总是华盛顿和纽约两头跑，并不是所有时间都在国家标准局的实验室里。11 月间，实验让他们看到了一个很大的效应，大家都很兴奋，吴健雄得到消息赶去看了一下，觉得那个效应太大，不可能是所要的结果。后来他们检查了实验的装置，发现这个效应果然是由于里面的实验物件，因磁场造成引力而塌垮所导致的。经过重新安排，到 12 月中旬，他们再次看到一个比较小的效应，吴健雄判断，这才是他们要找的效应。

实验所利用的物理原理是钴$^{60}$的原子核 β 衰变后连续放出 2 个 γ 光子到达镍$^{60}$的基态。

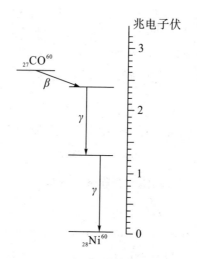

图 5-2  实验应用的物理原理

那么如何极化原子核呢？先要把钴[60]的放射源薄层铺在顺磁盐硝酸铈镁单晶体的表面，再用绝热退磁的办法冷却到低温0.01K 左右。接着用几百高斯的弱磁场排列顺磁离子的电子自旋S。强的 JS 耦合，会使得原子核的核自旋 J 随着 S 的取向，这样就实现了对钴[60]原子核的极化。

而 β 粒子其实就是电子，需要用到的探测器是蒽晶体，β 粒子打在蒽晶体上会产生荧光，这些荧光可以传到光电倍增管上被接收到。

同时，因为实验过程中会产生 γ 光子，需要用 NaI 晶体连接光电倍增管作为 γ 光子的检测器。

吴健雄她们开始实验的时候，先用绝热退磁的办法冷却样品，然后在 20 秒的时间内使得一个通电线圈产生的磁场加在样品上，同时开始对 β 粒子与 γ 光子进行计数。这种计数办法都是与现在一般仪器公司做的 X 射线能谱仪器的办法相类似的。

实验结果是在绝热退磁以后的时间里，放射源会逐渐回暖温度升高，可以看到在大概16分钟的时间内，与γ光子的各向异性不同，β粒子的角度分布有一个显著的不对称性。β粒子倾向于向与原子核自旋方向反方向的地方发射，这说明赝标量 JP（J 与P的点乘）是存在的，也证明了在β衰变的过程中确实存在宇称不守恒的现象。

β电子的角度分布大致满足如下关系式：

$$w(\theta) = 1 - \frac{v}{c}\cos(\theta) \qquad (5.1)$$

其中v是电子的速度，而c是光速。这个公式是很简单的，学过高中一年级数学的读者也能看出，角度θ在0到90度的时候是正数，这时的电子出射个数W比1要小；而当角度θ在90与180度之间的时候，这时的电子出射个数W比1要大，电子个数明显增加，这就体现出不对称性。

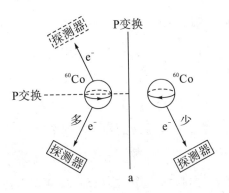

图5-3　实验测试结果的原理图

这个实验结果就好像足球比赛中的香蕉球一样，香蕉球能拐弯，并非证明了足球不是圆的，而是证明了旋转的足球两侧的空气压力是不一样的，这种不对称是因为旋转引起的，而旋转的系统如果在镜子里看，本来的顺时针旋转在镜子就会变成逆时针。

关于这一实验细节部分的描述建议读者参考华盛顿大学退休教授赵天池所著的《李政道评传》。当时还有其他的研究组也做了类似的实验，证明了弱相互作用中的宇称是不守恒的。

如果读者不想深究细节，那么只需要知道，这是人类第一次发现 CPT 变换中单独的 P 变换会破坏一个基本的量子场论的例子。CPT 定理其实对全书的理解来说并不是必要的，因为这涉及高深的量子场论的知识，而且与广义相对论没有关系。

总之，我们回过头来看大统一理论，现在电弱相互作用还没有与强相互作用统一。在超弦理论中，如果加上超对称的假设，则可以实现这个统一。而所谓的超对称说的是玻色子与费米子之间的对称性。那么，如果把引力也考虑进来呢？有没有最终的"大统一理论"存在的可能性呢？

首先必须要强调的是，大统一物理学，并不是所有物理学家都追求的科学目标。一般来说，物理学中有两大门派，本章一开始也已经提到过，这两大门派是"还原论派"与"衍生学派"。"还原论派"主要是由粒子物理学家与广义相对论专家组成，他们认为物理学背后有一个统一的规律，这个规律可以把广义相对论与量子理论统一起来，形成一个叫作量子引力的理论。这个理论就是他们的科学目标。"衍生学派"由凝聚态物理学家组成，他们认为在不同的尺度有不同的物理规律，在不同的边界条件下有不同的物理现象，一切都是衍生出来的。所以，他们不追求前面说的统一的物理学，对量子引力论的兴趣也不大。

量子引力论还没有建立起来，目前的困难来自于量子理论与广义相对论天生不协调。广义相对论是不需要参考系的，而且时空是弯曲的，这些都不是量子理论能接受的。所以，也许现在谈量子引力论还为时尚早。

# 黑洞到底是什么？

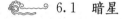 6.1  暗星

历史上最早预言黑洞（当时称为暗星）这种天体是在拿破仑的时代。当时法国天体物理学家拉普拉斯（1796 年）和英国剑桥大学的学监米歇尔（John Michell）（1783 年）分别用牛顿力学预言宇宙间可能存在一种暗星。那时学术界接受牛顿的观点，认为光是一种微粒（光子）。拉普拉斯他们想，恒星发光就像大炮射出炮弹一样，通常光子都能克服恒星的万有引力飞向远方，所以我们能看见它们。但是如果恒星产生的万有引力非常强，强到可以把射出的光子拉回去，那么我们就看不见它发出的光了，这颗星就成了"暗星"。拉普拉斯当时惊叹："宇宙间最亮的天体有可能是看不见的。"

拉普拉斯等人用牛顿的力学三定律和万有引力定律算出了恒星形成暗星的条件：

$$r \leqslant \frac{2GM}{c^2} \qquad (6.1)$$

式中 M 和 r 分别为恒星的质量和半径，c 为光速，G 是万有引力常数。这个条件正是今天用更高深更正确的广义相对论预言的黑洞形成条件。不过，从今天的认识看来，拉普拉斯他们用牛顿理论计算暗星条件时犯了一些错误，不过这些错误的作用相互抵消，使他们得到了正确的结论。

拉普拉斯在他的巨著《天体力学》的第一版（1796）和第二版（1799）中都谈到了这种暗星，但是在第三版（1808）中却取消了。这是因为托马斯·杨在 1801 年完成了光的双缝干涉实验，使光的波动说战胜了牛顿的微粒说。拉普拉斯想，光既然是波，不是微粒，那么自己用光子理论预言的暗星，看来是靠不住了。于是他从自己的学术著作中删去了对暗星的预言。此后，这一预言逐渐被人们淡忘。直到 1939 年，美国物理学家奥本海默（Julius Robert Oppenheimer）在研究中子星的质量上限时，才用广义相对论和光量子理论再次预言了这类暗星的存在。

不过，奥本海默的暗星理论一开始并没有受到学术界的重视，天文界和物理界都对这种暗星的存在十分怀疑。这是因为算出的暗星的密度太大了，实在令人难以置信。太阳的半径有 70 万千米，密度为 1.4 克每立方厘米，与水差不多。如果缩成暗星，半径只有 3 千米，密度为 100 亿吨每立方厘米，如此高的密度，实在太让人难以置信了。当时已知的密度最高的物质是白矮星上的物质，密度约为 1 吨每立方厘米，这个密度已经够让人吃惊了。此外，按照奥本海默的看法，形成这种暗星的物质最后会缩为一个密度为无穷大的点，这更让人难以相信了。爱丁顿等天体物理界的权威都不相信奥本海默的预言，爱因斯坦也同意爱丁顿的反对意见。

直到 20 世纪 50 年代，美国物理学家惠勒（John Archibald Wheeler）用当时最先进的计算机模拟了奥本海默描述的中子星塌缩过程，才确认了真的有可能形成这类暗星。惠勒给这类暗星起了个名字叫"黑洞"。此后，黑洞理论逐渐被物理界和天文界所接受。

其实，关于黑洞的密度一定很大的想法是不对的。研究表明，黑洞的密度和它的质量的平方成反比，大黑洞的密度其实不大。一亿个太阳质量的黑洞，算出来的密度和水差不多。下面的描述会告诉大家，谈论黑洞的密度其实并无意义。按照现代对黑洞的认识，黑洞内部除去一个奇异区（奇点或奇环）以外，基本上都是真空。

现在我们从天体演化的角度来看黑洞究竟有没有可能形成。根据火球模型描述的宇宙，其中最初形成的是完全由氢元素构成的高温气体。在那样的高温下，氢聚合成氦的热核反应猛烈进行，但是随着宇宙的不断膨胀降温，这一热核反应停止下来。这时宇宙中大约有 20% 多的氦和 70% 多的氢。这种混合气体在宇宙膨胀的过程中进一步降温，由于涨落效应，开始形成团状结构。这些气体团在万有引力作用下不断收缩，同时引力势能不断转化为热能，温度重新升高。那些巨大的气团内部的温度可升至几千万度甚至上亿度的量级，这时，氢聚合成氦的热核反应再次被点燃，这个气团就形成了一颗发光的恒星。这样的恒星称为主序星，我们的太阳就是一颗主序星。主序星的光和热，来源于氢聚合成氦的热核反应。

当主序星中心部分的氢烧完之后，热核反应就转移到它的外层，这时恒星开始膨胀，表面温度从 6 000K 左右降到 4 000K 左右，颜色变红，成为红巨星。太阳在形成红巨星时，体积可拓展到火星轨道的附近。也就是说，这颗"红太阳"会把水星、金星、地球依次吞到肚子里边。这三颗行星将在"红太阳"内部围绕它中心的核旋转。这个"核"主要由氦元素组成。核外的气体部分密度非常低，比地球上最好的真空的密度还低。所以地球、水星和金星将在红巨星的内部长期存在。当然这时地球上的江河湖海早已被烤干，生命已不可能存在。不过，我们不必为我们的子孙后代担心。太阳在主序星阶段会存在 100 亿年，现在刚过了 50 亿年。我们的太阳正处在它的壮年时期，还有 50 亿年才会演化成红巨星。所以我们尽可以放心活着。那 50 亿年后我们的后代怎么办呢？大家知道，现代自然科学从哥白尼到现在，才 500 年，人类已经可以登月了。50 亿年后的人类，科学和文明一定非常发达，迁移到其他年轻的太阳系去生活不会有问题。

红巨星外层生成的氦不断落到星体的中心，中心部分聚集的氦越来越多，重力越来越大，温度越来越高，终于点燃了氦聚合成碳的热核反应，温度上升到几千万度、上亿度，这时碳元素构成的物态发生了变化。我们常见的固体物质，例如地球上的固体物质，是靠原子内部和原子间的电磁力来支撑，来抗衡自身的重力（万有引力）的。这是因为重力使原子内部的电子云分布发生变化，同种电荷相互靠近，从而产生了电磁斥力。但是当红巨星核心部分的碳元素的密度增加到一个限度时，电磁斥力就扛不住万有引力了。这时电子壳层会被挤碎，形成原子核的晶格框架在电子海洋中漂浮的状态，或者说电子在原子核框架中自由游动的状态。这时电子会相互靠得很近，电子间的泡利斥力开始起作用，这种"斥力"远大于"电磁斥力"，使由碳元素构成的红巨星的核心部分不再进一步塌缩，成为一种新的物态——白矮星状态。这时，红巨星外部的气体逐渐散去，恒星终于变成了白矮星。白矮星的密度远高于地球上的物质，大概有每立方厘米1吨到10吨的样子。太阳最后就会成为一颗白矮星。白矮星不会再有剧烈变化，将稳定地慢慢冷却，成为黑矮星。黑矮星就是一颗巨大的金刚石，主要由碳元素构成，还含有少量的氧。不过，白矮星冷却成黑矮星大约要100亿年，目前宇宙的寿命是137亿年，所以还没有黑矮星形成，我们还没有观察到过一颗黑矮星。

## 6.2　钱德拉塞卡极限

印度青年天体物理学家钱德拉塞卡（Subrahmanyan Chandrasekhar）指出，白矮星的质量不能过大。星体质量越大，万有引力就越大，这时电子就靠得更近，产生的泡利斥力也就更大。但是，同时电子的运动速度也会增大。当白矮星质量超过$1.4M_\odot$（$M_\odot$为太阳质量，$\odot$是古罗马的天文符号，表示太阳）时，电子的运动速度会接近光速，形成相对论性电子气，这时，电子间的泡利斥力会突然减弱，星体就会在重力作用下进一步塌缩。

天体物理学权威爱丁顿不同意钱德拉塞卡的看法。他认为，如果白矮星真的会塌缩，星体物质不就会缩成一个点吗？这根本就不是一种可能存在的物理状态，谁见过一个体积无穷小、密度无穷大的点状物体？所以，他认为钱德拉塞卡一定算错了。爱因斯坦也赞同爱丁顿的看法。钱德拉塞卡一开始很狼狈。不过经过反复计算，他确认自己的理论没有错，其他一些物理学家（例如泡利（Wolfgang E. Pauli））也支持钱德拉塞卡的结论。学术界最终接受了钱德拉塞卡的理论，白矮星确实存在一个相当于$1.4M_\odot$的质量上限，这个质量上限后来被称为钱德拉塞卡极限。

钱德拉塞卡在 24 岁时做出这一发现，73 岁时因为这一发现获得了诺贝尔物理学奖。

超过钱德拉塞卡极限的星体不能在白矮星状态停留，将会进一步塌缩。不过，并不像爱丁顿想象的塌缩成一个点，而是重力把电子压入原子核中，电子与原子核中的质子"中和"成中子，形成主要由中子构成的星——中子星。

爱丁顿是杰出的天体物理学家，但是任何人都是会犯错误的，事实证明他否定白矮星存在质量上限的观点是错误的，后来他也承认了自己的错误。但大家不要低估了爱丁顿的学术地位，他在天体物理学的研究中做出了重大贡献。前面已经谈到，他是第一位通过天文观测证实光线在通过太阳附近时会由于时空弯曲发生偏折的人。这一工作是对爱因斯坦广义相对论的重大支持。更重要的是，他是第一个认识到恒星持续发光发热的能源机制是轻原子核聚合成重原子核的聚变反应的人。在此之前，学术界普遍认为恒星持续发光发热的能量都来自星体自身的引力势能。当时著名的物理学家开尔文和亥姆霍兹等人都持这种观点。

爱丁顿首先认识到，星体收缩时释放出的引力势能根本不足以维持恒星的持续发光发热。他认为组成恒星的气团收缩时释放的引力势能，只起了"点燃"氢聚合成氦的核反应的作用。此后恒星发光发热的能量主要来自这一聚变核反应的持续进行。后来的科学研究证实了他的观点。

白矮星是先在天文观测中发现，后来再用物理知识进行解释的。最早发现的一颗白矮星是天狼星的伴星。天狼星是中国人起的名字，西方人称为大犬座 α 星。它是从地球上看天空中除太阳外最亮的恒星。这是因为它离我们很近，只有 8.6 光年，也就是说光从天狼星射到地球只需 8.6 年时间。有人说，这还算近吗？大家要注意，这是天文数字。我们知道除太阳之外离我们最近的恒星是比邻星，距离也有 4.3 光年。我们之所以称恒星为"恒星"，是因为它们之间的相对位置固定，几乎不变，上千年都没有明显变化，所以它们才能在天空中呈现为稳定的星座。其实它们和太阳一样都是银河系中的星体，都在围绕银河系的中心转动。只不过它们离我们十分遥远，所以看起来似乎在星空中的位置没有变化。天狼星离我们算是近的，所以近代的天文观测注意到它在星空中的位置有很小的移动，转了一个极小的圈。天文学家立刻意识到，肯定有另一颗恒星和它在一起，它们围绕自己的质心转动，由于那一颗星过小或过暗，我们看不见，所以只看见天狼星自己在那里转圈子。后来科学界真的发现了天狼星的那颗伴星。让人震惊的是，这颗发白光的伴星密度奇高，远高于地球上的任何物质，物理学家反复研究后，终于认识到这是一颗具有新物态的恒星，即我们上面说的白矮星。

## 6.3  脉冲星就是中子星

白矮星是先在天文观测中发现，后来才用物理知识加以认识的。与此不同，中子星则是先理论预言，后来才在天文观测中发现的。1932 年，英国物理学家查德威克发现了中子，在丹麦玻尔研究所进修的苏联青年物理学家朗道（Lev Davidovich Landau）立刻预言，宇宙中存在主要由中子构成的星体，即后来所说的中子星。此前，朗道就几乎与钱德拉塞卡同时指出，白矮星存在质量上限。真正观测到中子星则是做出预言后 30 多年的事情。

1967年，英国天文学家休伊士（Antony Hewish）和贝尔（Jocelyn Bell）在做巡天观测时，意外地发现了中子星。当时，休伊士设计了一个天线阵，收集来自宇宙空间中的无线电信号。他让他的女研究生贝尔做巡天观测，就是把天空划分为一个个天区，逐个天区收集射电信号，即来自宇宙空间的无线电信号。他们并没有刻意去找中子星，原来的目的也不是为了找中子星。在一个假日的夜晚，休伊士下班回家后，贝尔仍在观测站认真工作。她注意到在噪声背景中似乎存在一些脉冲信号。她仔细处理后，确认了这些信号的存在，于是打电话给老师休伊士。休伊士来到观测站后，他们仔细分析了这些信号。一开始他们以为是外星人在和我们联络，于是给这一发现起了一个名字叫"小绿人"。后来他们又发现另外一些类似的信号源。由于这些信号的频率和振幅都没有变化，不可能负载有外星人的信息，他们最终认识到这是一种自然现象。

他们发现的是脉冲星，即中子星，是恒星演化晚期形成的。这种星主要由中子态物质构成，表层可能有白矮星状态的铁，结构比较复杂。这种星体积很小，直径大约在10千米的数量级，密度极高。核心部分可能达到1~10亿吨每立方厘米。这种由巨大主序星塌缩而成的中子星，由于角动量守恒，自转速度极大，每秒钟大概能转几百圈。恒星的磁轴往往与自转轴不重合，中子星也不例外。由于中子星表面磁场极强，会有大量电子围绕磁轴旋转，从而产生沿磁轴方向向外辐射的电磁波，形成很强的"光柱"。中子星自转时，这根"光柱"就会像探照灯一样在宇宙空间扫描，每扫过地球一次，我们就收到一个脉冲。由于中子星自转极快，所以我们会收到规则而密集的无线电波（图6-1）。

脉冲星的发现获得了诺贝尔奖。但评奖委员会只把奖授予了休伊士，贝尔没有份。这件事使天体物理界一片哗然。休伊士说，这个奖本来就只应该给我一个人，天线阵是我设计的，贝尔做观测也是我安排她做的。可是话又说回来，你休伊士交给贝尔的任务并不是搜寻中子星啊。而且，如果贝尔不仔细认真，那些隐藏在噪声中的信号就会被忽略。包括霍金在内的很多科学家都为贝尔鸣不平。由于对休伊士这种态度的不满，霍金在自己这本《时间简史》中就只列了贝尔的资料和照片，没有给出休伊士的资料和照片。另一方面，诺贝尔奖评奖委员会从来不承认错误，谁反对我，我就不给谁诺贝尔奖。这也是霍金没有获得诺贝尔奖的原因之一。

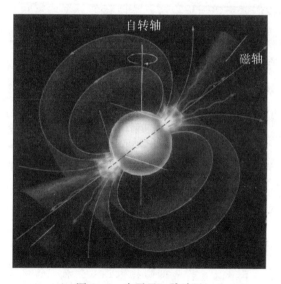

图6-1　中子星：脉冲星

研究表明，形成中子星的主序星一般在 $7\sim 8M_\odot$ 以上，它在演化过程中损失一部分质量，最后形成的中子星质量在 $2M_\odot$ 左右。大部分质量都在演化过程中抛散了。这是因为中子星的形成过程要比白矮星的形成过程激烈得多。前面谈到，主序星是经过红巨星阶段，比较平稳地形成白矮星的。形成中子星的主序星，先形成巨大的超红巨星，然后在塌缩过程中发生猛烈爆炸，形成超新星爆发。一颗恒星在超新星爆发时一天抛出的能量，相当于太阳一亿年里发出的光和热。所以一颗平时根本观测不到的恒星（由于距离遥远），超新星爆发时不仅夜里可以看见，白天也可以看见。

我国古代有最早的超新星爆发记录。特别是公元 1054 年（北宋至和元年）那次超新星爆发，中国有详细的记录，并明确指出了这颗超新星在天空的位置。近代天文学家在那里发现了一个螃蟹状的星云，这个星云以每秒 1 100 千米的速度膨胀。星云的中心有一颗小星，现在天文学家发现那是一颗脉冲星，这就证实了脉冲星（中子星）是超新星爆发的产物。

图 6-2　蟹状星云

超新星爆发把自身演化过程中形成的铁、硅等重元素抛向宇宙空间。这些物质被年轻的恒星吸引过去，逐渐形成固体的行

第六章

115

星。我们的地球就是其中之一。可以说，地球就是超新星爆发的产物。没有超新星爆发，就没有重元素形成，就不可能有固体行星，当然像人类一样的智慧生物也就不可能诞生了。

密度高达 1 亿~10 亿吨每立方厘米的中子星是靠中子之间泡利不相容原理产生的斥力来支撑的。中子之间的泡利斥力比电子之间的泡利斥力要大，所以能够支撑住比白矮星质量大得多的中子星，使它不至于被自身的万有引力压垮。然而，奥本海默的研究表明，中子星也有一个质量上限，大约是 $2\sim3M_\odot$，这个上限后来被称为奥本海默极限。由于对中子星的物态方程研究得还不够，所以奥本海默极限的值还不能精确确定。质量超过这一极限的中子星，泡利斥力会支撑不住自身的万有引力，中子星将进一步塌缩，最终形成黑洞。

前面谈到，质量大约为 $10M_\odot$ 的主序星，在经过超红巨星阶段后，会超新星爆发形成中子星。研究表明质量大到 $30M_\odot$ 以上的主序星，在经过超红巨星阶段后，也会形成超新星爆发，但爆发的产物不再是中子星，而是黑洞。图 6-3 给出了各种质量的恒星的演化示意图。

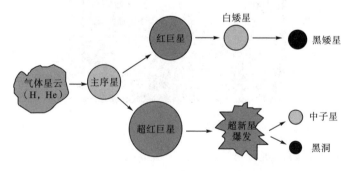

图 6-3　恒星演化示意图

在爱丁顿提出恒星的能量主要来自核反应，并具体指出太阳等主序星的能量来自氢聚合成氦的聚变反应之后，人们猜测这种聚变反应会一步步进行下去，例如也许氢与氦、氦与氦能进一步聚变成原子序为3和4（即有3个或4个质子）的锂、铍等元素，它们再聚合成更重的元素。这样不仅可以很好地解释恒星的演化和种类，而且可以解释宇宙中各种重元素（例如铁、硅、金、银等）的生成。

天体物理和核物理的研究表明，似乎真的存在这样一架聚变核反应的"天梯"，而且看来这架"天梯"还比较完美。不过，这架天梯的第一级和第二级有问题，人们发现氢与氦、氦与氦聚合生成的由3个质子或4个质子组成的原子核都不稳定，也就是说，这两级聚变反应都进行不了。3个氦核同时聚合生成的碳核倒是稳定的，可是3个氦核同时撞在一起的概率又太低。这可怎么办呢？英国天体物理学家霍伊尔提出，也许碳原子存在一种激发态，这种激发态的能量正好与3个氦核的总能量相同，所以3个氦核可以与"激发态"碳核形成共振反应。如果是这样，这一聚变反应的概率就大大提高了。生成后的"激发态"碳核很快跃迁到基态，稳定下来。核物理学家起先不同意霍伊尔的猜测，但他们仔细研究后认识到霍伊尔的猜测是对的，碳元素确实存在这种激发态。这样，恒星演化的天梯就完善了。白矮星就是主序星通过这一聚变反应，把3个氦核聚合成碳核的产物。

图6-4给出了同一质量的恒星，成为主序星、红巨星、白矮星、中子星和黑洞时大小的比较。我们已经知道太阳半径为70万千米，密度为1.4克每立方厘米；它形成白矮星时半径1万千米，密度为1吨每立方厘米；它如果形成中子星，半径10千米，

密度 1 亿～10 亿吨每立方厘米；它如果形成黑洞，半径 3 千米，密度 100 亿吨每立方厘米。目前，白矮星、中子星均已发现，半径和密度都与中子星相差不大的黑洞，难道会不可能存在吗？（这里要说明一下，太阳将来的结局只会是白矮星，不可能形成中子星和黑洞。只有质量大于 10 到 30 个太阳质量的巨大恒星，也就是主序星，才会演化成中子星和黑洞。）

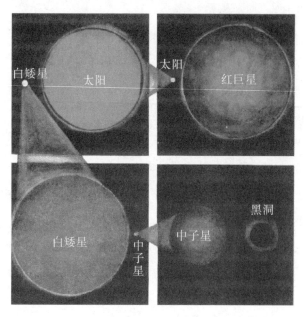

图 6-4　各种恒星大小的比较

## 6.4　黑洞

那么，广义相对论预言的黑洞是什么样子呢？爱因斯坦 1915 年发表了广义相对论，但这个理论的主要方程——爱因斯坦方程（或称场方程）却十分难解。爱因斯坦本人当时没有求出方程的严格解，只用它的近似解预言了引力红移、光线偏折和水星近日点进动等三个实验验证。

不过，1916 年，德国数学天文学家史瓦西（Karl Schwarzschild）就求出了场方程的第一个严格解，后来称为史瓦西解。这个解描述的是不随时间变化的球对称天体〔当然，在这以后有一个美国数学家叫伯克霍夫（George David Birkhoff），他证明了只要是真空爱因斯坦引力场方程的球对称解，那么就一定是静态的〕，外面的时空弯曲情况。这个解涵盖了爱因斯坦提出的三个验证实验。

如果让史瓦西解中作为引力源的球对称物质缩小为三维体积为零（当然物质密度会是无穷大）的情况，那么这个解会出现一个奇点和一个奇面，如图 6-5 所示。

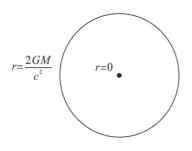

图 6-5　史瓦西黑洞

奇点位于"球心"r=0 处，奇面则是半径 r=2GM/c² 的一个球面。这正是当年拉普拉斯等人预言的暗星的表面。用广义相对论对奇点、奇面进行研究，人们发现 r=0 处的奇点是真奇点，那里物质密度是无穷大，时空曲率也是无穷大，而且这个奇点无法通过坐标变换加以消除，也就是说和我们选择什么坐标系没有关系。球面 r=2GM/c² 处的奇异面可以通过坐标变换加以消除。例如，对于站在球面外部，或站在无穷远处的观测者，这个奇异球面是存在的，它正是我们所说的黑洞的表面。但是一个自由下落的火箭却可以正常地穿过它，因此对于自由下落的观测者，时空在球面处不存在奇异性。

下面我们来介绍一下黑洞表面的性质。首先它是"无限红移面"。爱因斯坦认为，时空弯曲的地方钟会走得比较慢，时空弯曲越厉害的地方，钟走得越慢。放置于太阳表面的钟就会比地球上的钟慢，他据此做出了"引力红移"效应的预言。正如第二章所介绍的，爱因斯坦认为原子发射的光谱的谱线频率，反映了原子内部的钟的频率。由于太阳表面的钟比地球上的钟慢，所以太阳处原子的光谱线会比地球上同种原子的光谱线频率低，即波长更长。这就是引力红移现象。不过太阳表面的时空弯曲比地球处大不了多少，所以太阳光的引力红移很微弱，观测起来很不容易。但黑洞就不同了，黑洞附近时空弯曲得厉害，越靠近黑洞，弯曲越厉害。所以，如果我们在通往黑洞的航线上摆放一系列钟，我们就会发现越靠近黑洞的钟走得越慢，直接摆放在黑洞表面的钟干脆就不走了。如果我们放置一系列光源，则会发现越靠近黑洞的光源发出的光红移越大。放置在黑洞表面的光源发出的光，红移会是无穷大，所以黑洞的表面是"无限红移面"。

第二，黑洞的表面是"事件视界"（简称视界）。穿过视界，落入黑洞的任何物体、光或信息都不可能再跑出来。所以，位于黑洞外部的人不可能收到来自黑洞内部的任何信息。因此，事件视界是黑洞的边界。事件视界还有一个几何特点，它是零超曲面，超曲面是四维时空中的"三维曲面"。零超曲面是说，这类超曲面虽然存在法矢量，但它的法矢量长度为零。在我们通常的欧氏空间或黎曼空间中都不存在这类曲面或超曲面，它只存在于伪欧几里得或伪黎曼空间中。因此比较难以想象。但是，相对论中所用的四维时空恰是伪欧几里得空间或伪黎曼空间。因为它们不是由纯空间构成，而是由三维空间和一维时间合在一起构成，其中成立的几何正是伪欧几里得几何（狭义相对论中用）或伪黎曼几何（广义相对论中用）。所以内中存在零超曲面。我们要强调，零超曲面是事件视界最重要的特征，是超曲面成为事件视界的必要条件。

第三，黑洞的表面是单向膜区的起点（或称表观世界）。黑洞有一个重要特点，它的内部时空坐标发生互换。在洞外，$t$ 是时间坐标，$r$ 是空间坐标。但研究表明，在黑洞内部 $r$ 变成了时间，$t$ 变成了空间。所以，在黑洞内部，$r$ 不再是半径，而是时间。时间和空间不同，它有方向。黑洞内部的时间 $r$ 的方向是什么呢？它的方向指向黑洞内部，指向 $r=0$。$r=0$ 现在不再是球心，而是时间的终点。黑洞内部 $r=$ 常数的曲面，也不能再视为球面，而是"等时面"。时间只能向前发展，所以这些面成了单向膜，方向指向 $r=0$ 的终点。而黑洞的表面成了单向膜区的起点，进入黑洞的物质都必须"与时俱进"。它们必须向 $r=0$ 处前进，不能停留，这是因为时间向那个方向发展，不能静止。所以黑洞内部（单向膜区）都是真空，所有进入黑洞的物质都奔向了时间的终点 $r=0$。因此，除去 $r=0$ 处之外，黑洞内部全是真空。

当一艘飞船飞向黑洞时，静止于远方的人能看见什么呢？由于黑洞附近的时间变慢，远方的人将看见飞船越飞越慢，而且越来越发红，最后粘在了黑洞的表面上，没有飞进黑洞。而飞船上的人却不这么认为，他们用的不是静止于洞外的观测者的钟。他们觉得自己的时间正常地流逝，没有变慢，飞船正常地进入了黑洞。那他们到底进去没有呢？进去了。只是组成他们背景的光子留在了洞外，受到强烈的时空弯曲的束缚，只能一点一点地飞向远方。所以远方的观测者一直能看到飞船，只是由于飞来的光子越来越稀，所以他们在觉得飞船越飞越慢、越来越红的同时，也越来越暗。最后飞船好像粘在了黑洞的表面上，消失在那里的黑暗之中。

飞船上的人觉得自己正常地进入了黑洞，穿越视界也没有对他们产生什么影响。不过，进入黑洞后，他们处在了单向膜区，停不下来，只能向前飞去。他们只是觉得潮汐力越来越大。什么是潮汐力呢？潮汐力就是万有引力的差。人站在地面上受到重力。由于头顶到地心的距离和脚底到地心的距离差一个人的身高，所以他头部受到的万有引力与脚底受到的万有引力有一个差，这个差大约是三到四滴水的重量，我们平时感觉不到。这个力与使海水涨落潮的力本质相同，都是潮汐力。涨落潮的力主要是月球引起的，太阳也有贡献。这是因为地球面对月球的一方和背对月球的一方到月球的距离差一个地球直径，所以这两处受到的月球引力有一个差，这个差值就是使得海水涨落潮的外力——潮汐力。

图 6-6　地球上海水的涨落潮

在黑洞内部，物质都聚集于奇点 r=0 处。飞船头部和尾部到奇点的距离有一个差，所以会受到来自奇点的潮汐力。这个潮汐力十分巨大，比地球上涨落潮的力大多了。来自奇点的潮汐力会把飞船和宇航员撕碎，再压入奇点。从飞船进入黑洞到压入奇点大概只需几秒钟。

除去黑洞之外，理论上认为也存在白洞。广义相对论求出的史瓦西解，只肯定了是"洞"，当时间指向 r＝0 时，它是黑洞，当时间 r 指向外部时，它是白洞。白洞与黑洞有相同的单向膜区，只不过黑洞内部的单向膜区指向内部，白洞的单向膜区指向外部。黑洞内部 r＝0 是时间的终点，白洞内部的 r＝0 则是时间的起点。黑洞是任何东西都可以掉进去，但任何东西都跑不出来的星体。白洞则是任何东西都掉不进去，但又不断向外喷东西的天体。因为"洞"是在万有引力作用下星体塌缩而形成的，所以初始形成时，物质向"洞"里掉，也就是说初始形成洞时的时间箭头向里，这样形成的洞一般认为应该都是黑洞。如果有白洞，在理论上是可以存在的，但它怎样生成，现在尚无统一的意见。因此，天体物理界讨论的一般都是黑洞。

史瓦西黑洞是最简单的黑洞，仅由一个参数（即黑洞的质量 M）决定。它球对称，不随时间变化，外部时空的弯曲情况当然也是静态球对称的。史瓦西黑洞的视界与无限红移面重合，位于 r＝2GM/$c^2$ 处。当采用 c＝G＝h 的自然单位制时，可以写作 r＝2M。

后来，人们又研究了带电的静态球对称黑洞，它由两个参量（质量 M 和电荷 Q）决定。这种黑洞称作带电史瓦西黑洞，它的视界与无限红移面仍然重合，但分裂成两个视界，外视界 $r_+$ 与内视界 $r_-$，在自然单位制下，它们写作：

$$r_\pm = M \pm \sqrt{M^2 - Q^2} \tag{6.2}$$

外无限红移面与外视界重合，内无限红移面与内视界重合。奇点仍位于r=0处。注意，这种黑洞的时空互换区仅存在于内外视界之间。内视界以里的区域（r<r_）与外视界之外的区域（r>r_+）一样，都是r代表空间坐标，t代表时间坐标。所以单向膜区仅存在于内外视界之间。落入外视界的飞船，不可能再逃到外视界的外面去，也不可能停留在内外视界之间，只能奔向内视界。但在进入内视界以里的区域（即r<r_的区域）之后，就可以在那里自由飞翔。由于这种黑洞的奇点（r=0处）具有极强的排斥力，不允许飞船或任何其他物质靠近它，所以飞船也不必担心撞上奇点。飞船在那里可以安全地永存，只是再也逃不出来了。起初有人设想，r<r_的时空区可能有时空隧道，通向白洞的内部，飞船也许能穿过时空隧道，然后从白洞逃出。但后来发现这样的时空隧道是不稳定的，稍有扰动就会封闭，所以不可能从那里逃逸。

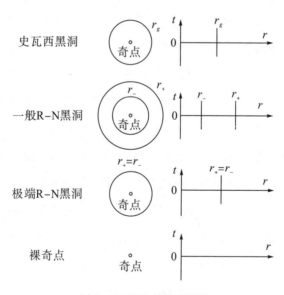

图6-7 带电史瓦西黑洞

1963 年，克尔（Roy Kerr）研究了以恒定角速度转动的轴对称时空，发现存在稳态（即不随时间变化）轴对称的克尔黑洞。它也由两个参量决定，一个是黑洞的总质量 M，另一个是黑洞的总角动量 J。这种黑洞的视界也分成内外两个，而且与无限红移面也分开了。其内视界 $r_-$ 与外视界 $r_+$ 在自然单位制下用下式表示：

$$r_\pm = M \pm \sqrt{M^2 - a^2} \tag{6.3}$$

式中 a 是单位质量的角动量 $a = J/M$。外视界 $r_+$ 与外无限红移面 $r_+{}^s$ 之间存在一个能层（外能层），那里储存着黑洞的转动能量。内视界 $r_-$ 与内无限红移面 $r_-{}^s$ 之间也存在一个能层（内能层，图中没有画出）。单向膜区（即时空互换区）也只存在于内、外视界之间。在克尔黑洞中心附近也有一个奇异区，但不是奇点，而是奇环。这个奇环位于 $r=0$ 且 $\theta = \pi/2$ 的地方。注意，在奇环附近存在闭合类时线，沿这种世界线运动的飞船可以回到自己的过去。这当然是一个不清楚的问题。现在一般认为克尔黑洞的内视界及其以里的区域（$r \leqslant r_-$ 区）是不稳定的，实际上不可能以这样的结构存在。

最一般的不随时间变化的黑洞是带电的稳态轴对称黑洞，通常称为克尔－纽曼黑洞。这种黑洞既转动又带电，由总质量 M，总角动量 J 和总电荷 Q 三个参数决定。它的结构与克尔黑洞很相似，有内外两个视界 $r_+$ 和 $r_-$，内外两个无限红移面和内外两个能层。与克尔黑洞类似，它的内视界及其内部（$r \leqslant r_-$ 区）都是不稳定的，稍加扰动就会被破坏。单向膜区（时空坐标互换区）只存在于内外视界之间。

$$r_\pm = M \pm \sqrt{M^2 - a^2 - Q^2} \qquad (6.4)$$

当转动消失时（a→0），克尔－纽曼黑洞就约化为带电史瓦西黑洞；当电荷消失时，就约化为克尔黑洞。当克尔黑洞的转动消失时，它会约化为史瓦西黑洞；当带电史瓦西黑洞的电荷消失时，它也约化为史瓦西黑洞。

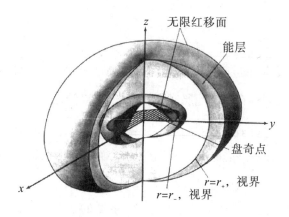

图 6-8　克尔黑洞

对于史瓦西黑洞，外部的人只能探知它的总质量，其他信息都不可能知道了。对于其他几种黑洞，最多也只能探测到它们的总质量 M，总电荷 Q 和总角动量 J，其他消息都不可能知道了。黑洞是什么时候形成的，怎样形成的，是由什么化学成分、什么物理结构的物质，以何种方式形成，全不可能知道了。于是有人提出"黑洞无毛定理"。毛就是信息。这个定理说黑洞最多只剩下三根毛（M，J，Q），其他的毛（其他的信息）全都在黑洞形成时丢失了。黑洞是一颗忘了本的星，它忘记了自己的祖先，忘记了自己的过去。

此外，我们看到，当给带电史瓦西黑洞不断增加电荷，使得

Q＝M 时，这种黑洞的内外视界会重合（$r_+＝r_-$），这时单向膜区会缩成一张膜，我们称这种黑洞为极端黑洞。再继续增加电荷，使得 Q＞M 时，这时 $r_\pm$ 成为虚数，这表示事件视界消失，奇点 r＝0 将裸露出来。

当给克尔黑洞不断增加角动量，使得 a＝M 时，也得到 $r_+＝r_-$，成为极端黑洞。再增加一点角动量，将会有 a＞M，成为虚数，$r_\pm$ 事件视界消失，奇环也会裸露出来。

当给克尔－纽曼黑洞增加角动量和电荷，$a^2＋Q^2＝M^2$ 时，也会有内外视界重合，成为极端黑洞。再增加一点角动量或电荷，使得 $a^2＋Q^2＞M^2$，视界就会消失，奇环也会裸露出来。

研究表明奇点和奇环如果裸露出来会破坏时空中的因果关系，这是绝对不能允许的。为了克服这一难题，相对论专家彭罗斯（Roger Penrose）提出"宇宙监督假设"：存在一位宇宙监督，他禁止裸奇异（指裸奇环或裸奇点）的出现。

实际上，破坏时空因果性的问题不仅在奇点和奇环裸露时会发生，由于带电和转动的各种黑洞的单向膜区都只存在于内外视界之间，内视界以里（$r<r_-$ 区）都不是单向膜区，进入这一区域的宇航员似乎可以继续生存下去，因为奇点和奇环会对飞船产生斥力，所以他不会撞在奇点或奇环上。然而对于他来说，奇点和奇环都是裸露的，也就是说，进入 $r<r_-$ 区的人都能看见奇点（或奇环），都会受到奇点和奇环发出的不确定的信息的影响，因果性也会被破坏。

为了把这一情况也包含在"宇宙监督假设"排除的范围之内，后来人们又把"宇宙监督假设"的说法改进为"裸奇异是不稳定的"。

对于时空理论的研究，宇宙监督假设确实是需要的。但是这位宇宙监督是谁？也许它是一条物理定律，这条定律是一条我们已知的定律吗？还是一条我们尚不知道的新的物理定律？"宇宙监督假设"就和历史上的"自然害怕真空"一样，并没有真正弄清问题。

# 第七章

# 为什么说黑洞不黑？

## 7.1　从旋转黑洞提取能量

大家最初以为黑洞是恒星演化的最终归宿，是一颗死亡了的星。然而，对转动和带电黑洞的研究，使人们看到了黑洞的某些生机。

彭罗斯首先发现，转动的黑洞存在能层。能层有两个，外能层位于外视界与外无限红移面之间，内能层位于内视界和内无限红移面之间。后来的研究表明，内视界以里的部分（包括内世界本身）不稳定，稍有扰动就会发生剧烈变化，对那里的物理状况的解说至今还存在争议。比较多的意见认为，转动或带电黑洞的奇异区（奇点或奇环），在微扰下会发生突变，"倒"在内视界上，使落入黑洞的物质都会在那里碰到奇点或奇环，对内视界以里的时空部分的探讨是靠不住的。因此，我们暂不讨论内能层，只讨论外能层。

研究表明，外能层还不是"时空互换区"，进入那里的物质或飞船仍有可能逃出去。也就是说，外能层虽然附属于黑洞，但它们处于黑洞外部，黑洞内外的分界处是外视界。物质或飞船越过外视界进入 $r<r_+$ 区，才算真正落入黑洞，才不可能重新逃出来。

彭罗斯的研究表明，外能层中存在能量，那是黑洞的转动动能。而且能层区与黑洞外部的正常时空（$r>r_+{}^s$）不同，存在负能轨道。如果能量为 E 的物体在进入黑洞外能层后分裂成两块，一块沿负能轨道（能量为 $E_1$）落入黑洞，另一块拥有能量 $E_2$ 的飞出黑洞。由于 $E_1$ 为负，$E_1+E_2=E$，所以有 $E_2>E$。这就是说，飞出黑洞外能层的物体具有比它入射进能层时更大的能量。它从能层中带出了能量，这种能量是黑洞的转动动能。这一物理过程被称为"彭罗斯过程"。不断进行彭罗斯过程，会使黑洞的转动能量（以及相应的角动量）逐渐减少。减少到零时，转动黑洞就蜕化为静止球对称的史瓦西黑洞。

美国物理学家米斯纳（Charles W. Misner）认为，质量极小的物体仍然可以经历彭罗斯过程带出黑洞的转动动能。当物体充分小时，波粒二象性就会显现。他认为，对于波也会产生类似于彭罗斯过程的现象，这就是说，在一定条件下，能使进入能层然后又跑出来的波带走黑洞的转动动能。这种波在出射时比它当初射进能层时更强。这种物理现象被称为"米斯纳超辐射"。

超辐射是一种"受激辐射"。爱因斯坦在研究原子能级跃迁而导致物质产生或吸收辐射时就指出，吸收过程是原子吸收辐射能量（光量子）而从低能级跃迁到高能级的过程；辐射过程是原子从高能级跃迁到低能级而发射出光量子的过程。吸收过程只有一种，但辐射过程有两种，一种是自发辐射，另一种是受激辐射。爱因斯坦是最早指出存在"受激辐射"的人。今天大家熟知的激光就是受激辐射现象。超辐射也可以被视为一种受激辐射。

爱因斯坦曾经指出，物质的受激辐射系数与自发辐射系数之间存在联系，如果其中一种辐射存在，另一种也应该存在。这启发了科学家们去探讨黑洞是否存在自发辐射的问题。很快，苏联物理学家斯塔诺宾斯基（Alexei A. Starobinsky）和加拿大物理学家安鲁（W. Unruh）几乎同时指出，转动和带电的黑洞不仅会产生超辐射，还会产生自发辐射。这种自发辐射的物理机制，是由于黑洞视界的转动角速度和静电势，会影响视界外部狄拉克真空的分布。在第五章中我们曾简单介绍过狄拉克真空。这种理论认为，物质存在正、负能两种状态。所谓真空是指物质的最低能量状态。这种能量状态不仅要求正能级全部空着（不存在正能粒子），还要求负能态全部填满。所以，真空存在正能区和负能区。二者之间是不允许任何粒子存在的禁区。正能区的能态全部空着，负能区的能态全部填满。但是研究表明，在转动和带电黑洞的视界附近，狄拉克真空会发生变化（如图7-1所示）。从图7-1可以看到，负能区被提升，紧靠视界的一部分负能区中粒子的能量会高于稍远处正能区的粒子能量，这时，禁区好像一个势垒，负能区中的粒子可以通过量子隧道效应射出。这就是黑洞的自发辐射效应，称为"斯塔诺宾斯基-安鲁过程"。

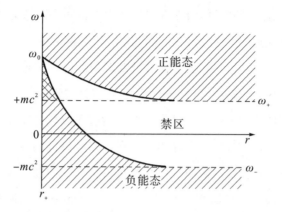

图 7-1 转动或带电黑洞附近的狄拉克能级

彭罗斯过程、米斯纳超辐射和"斯塔诺宾斯基－安鲁"过程都会带走黑洞的转动能、电磁能、角动量和电荷，使转动带电的黑洞慢慢蜕化为不带电的、静止球对称的史瓦西黑洞。当然，能层也就随之消失了。

能层除去储存有黑洞的转动动能和电磁能之外，还有一个特点：位于能层内的物体不能静止。研究表明在能层内静止不动的物体实际上处于超光速运动状态，即使位于能层边界（无限红移面）上的质点，也必须以光速运动。这都是相对论所不允许的。因此位于能层内或能层表面的物体都被转动黑洞拖曳，而以一定角速度转动。无限红移面外的物体可以静止，但无限红移面内的物体不行。无限红移面是物体静止的边界，所以又称为静界。这种拖曳效应是一种时空效应，在某种程度上可以视作马赫原理的体现。马赫早就预言，转动物体会对周围的物质产生拖曳作用。研究表明，能层内物体的转动角速度可以在一定范围内取值，但位于视界面上的物体的角速度是唯一的。

$$\Omega_H = \frac{a}{r_+^2 + a^2} \qquad\qquad (7.1)$$

我们可以把转动带电的黑洞视作黑洞的激发态，史瓦西黑洞视作黑洞的基态。这就是说，转动、带电的黑洞仍有生命力。不过，它们将逐渐蜕化为没有生命力的史瓦西黑洞。史瓦西黑洞似乎真的是一颗死亡了的星。

以上就是霍金进入黑洞研究之前科学界对黑洞的认识。霍金在牛津大学本科毕业时，投考了剑桥大学相对论天体物理方向的研究生，想追随著名的天体物理学家霍伊尔研究宇宙学。霍伊尔是稳恒态宇宙学的创始人之一。这个宇宙演化理论不同于伽莫夫提出的火球演化模型。伽莫夫认为宇宙起源于一个原始的核火球，随着膨胀不断降温，形成了我们今天的宇宙。霍伊尔认为宇宙初期不是核火球，宇宙不存在高温时期。宇宙初期的密度和温度与今天差不多。宇宙在膨胀，但在膨胀过程中不断有物质从真空中产生，维持宇宙中的物质密度不变。霍金对霍伊尔的理论很感兴趣，于是投考了剑桥大学。遗憾的是霍伊尔不要他，霍金只好当了剑桥大学的另一位相对论专家斯亚玛（Dennis W. Sciama）的博士生。斯亚玛一般不给研究生制定课题，要研究生自己去找，有了想法后跟他讨论，他会给出建议。霍金一开始没有题目，但仍对稳恒态模型感兴趣，就私下去找霍伊尔的研究生纳里卡，帮他做一些计算。霍金在计算中熟悉了霍伊尔的新工作，并指出了其中的一个致命错误。这件事情让斯亚玛对霍金刮目相看，觉得他可能大有前途。相关的详细内容请参看本书附录中"关于霍金"的一节。

## 7.2 奇点定理

那时候斯亚玛已经把数学家彭罗斯拉进了相对论研究领域，彭罗斯已经在黑洞研究中做出了重要成绩。斯亚玛就把自己的得意门生霍金介绍给了彭罗斯。从此，霍金就进入了黑洞研究领域。

当时彭罗斯正在研究黑洞中的奇点，并且针对黑洞情况提出了重要的"奇点定理"。大家知道，黑洞内部是单向膜区，进入黑洞的物质都不可避免地奔向黑洞的中心，在那里聚集成体积无穷小、密度无穷大的"奇点"。物理界一般认为奇点不是一种物理的状态。宇宙中（包括黑洞）不应该存在奇点。

苏联物理学家卡拉特尼科夫（Isaak Khalatnikov）和利弗席兹（Evgeny Lifschitz）认为，星体之所以塌缩成黑洞并最终形成密度为无穷大的几何点，是因为大家把塌缩过程想得太理想化的结果。例如，形成史瓦西黑洞的过程是一个标准球对称的星体，在塌缩过程中始终保持严格的球对称，才会正好聚集于球心处，形成一个密度为无穷大的奇点。再如一个标准旋转轴对称的星体，在塌缩过程中始终保持严格的旋转轴对称，才会最终形成克尔黑洞中的奇环。但是真正的塌缩过程不可能维持严格的球对称或轴对称，从各个方向向中心聚集的物质，只要稍微偏离对称，就会"擦肩而过"，形不成奇点和奇环。所以，他们认为奇点和奇环的存在是由于我们把星体塌缩过程想得太理想化的结果，真实的塌缩过程不会形成奇点和奇环。他们认为塌缩过程形成奇点和奇环的概率，与不形成奇点和奇环的概率相比，可以忽略不计。

那么，为什么我们给出的几种黑洞（史瓦西黑洞、克尔黑洞等）都有奇点和奇环呢？这是因为广义相对论的基本方程——爱因斯坦场方程（简称爱因斯坦方程，或场方程）是由 10 个二阶非线性偏微分方程组成的方程组，非常难解。为了求解这个方程组，数学物理学家不得不靠假设时空高度对称来简化方程，从而得到解。所以，我们得到的爱因斯坦方程的解都是高度对称的。遗憾的是，这种高度对称有"副作用"，使解中包含了奇点。所以，他们认为，对黑洞中的奇点和奇环用不着大惊小怪。奇点和奇环都是非物理状态，在真实的黑洞形成时，根本不会出现奇点和奇环。彭罗斯不同意他们的看法。彭罗斯认为广义相对论一定导致物理时空中出现奇异性（如奇点或奇环，以下把奇点或奇环一律简称为奇点）。他把奇点看作时间开始或结束的地方。

相对论把一个质点（如一个人，或一个物体）在四维时空中描出的曲线称为世界线。一个手持时钟的观测者，他所描出的世界线的长度就是他所经历的时间。这是因为，世界线的刻度就是用他手持的钟的读数来标记的。一个不受外力的质点（注意，万有引力不算外力，它是时空弯曲的物理表现），描出的世界线称为测地线。连接四维时空中 A、B 两点的世界线可以有无穷多条，测地线是其中取极值的那条线。对于不包括时间的纯空间，例如平直的欧几里得空间和弯曲的黎曼空间，测地线是连接两点的世界线中最短的一条。而对于包含时间的"时空"，由于在其中成立的几何是"伪欧"的或者"伪黎曼"的，连接两点的世界线中没有最短的一条，测地线是连接两点的世界线中最长的一条。

彭罗斯认为，世界线断掉的地方，就是描出这条世界线的观测者的时间开始的地方，或终结的地方。为了排除其他物理效应的影响，专门研究时空的性质，彭罗斯选择了测地线。这时因为测地线是不受外力的观测者或质点描出的世界线，也就是做惯性运动的观测者经历的时间过程，完全不受其他物理效应的影响。彭罗斯证明，一个合理的物理时空（因果性成立，至少存在一点物质，而且广义相对论正确），一定至少有一个质点（或观测者）描出的测地线会在有限的时间之前，或有限的时间之后断掉。这就是说，一定至少有一条测地线会在有限的长度内断掉，那断掉的地方就是奇点。彭罗斯认为，奇点是时间的起点或终点。

奇点定理告诉人们，时间一定有开始，或者一定有结束，或者既有开始又有结束。时间有没有开始和结束的问题，自古以来就有人讨论，不过讨论的人极少，都是哲学家和神学家。这些极聪明的人的议论，往往让人觉得高深莫测，而且没有科学实验的支撑。现在数学物理学家出来说话了，说时间有开始或结束。这太让人振奋了。霍金和彭罗斯一接触，就对奇点定理产生了极大的兴趣。

彭罗斯提出了把奇点看作时间的"起点"或"终点"的思想，并给出了奇点定理的第一个证明。这个证明是针对黑洞情况的。彭罗斯证明了星体塌缩成黑洞将不可避免地形成奇点，这个奇点是时间终结的地方。这就是说黑洞内部一定有时间的"终点"，类似地，白洞内部（如果白洞存在的话），一定会有一个时间的"起点"。霍金想，大爆炸宇宙的诞生和膨胀，在某种意义上可以看作星体塌缩形成黑洞的"反过程"。于是他针对大爆炸宇宙模型证明了宇宙最初起源于一个奇点，那是时间开始的地方。也就是说，他把彭罗斯的奇点定理推广到了宇宙学情况。他的博士论文包含两个部分。第一部分是指出霍伊尔新模型的错误，第二部分就是对奇点定理的推广。美中不足的是，他第一次给出的奇点定理的证明有缺陷，不久之后，他重新给出了正确而严格的新证明。

后来，霍金和彭罗斯又进一步完善了对奇点定理的证明。我们看到，这个定理的思想最先是彭罗斯给出的，然后二人又分别给出了证明。由此看来，对奇点定理的贡献，彭罗斯比霍金要大。奇点定理是十分重要的定理，它涉及时间的本性，意义十分深远。我们到现在，还不能说已经弄清了这一定理的深刻内涵。它很可能是打开科学新领域的一扇新窗户。

在研究奇点定理的过程中，霍金掌握了整体微分几何的内容和方法。整体微分几何不同于古典微分几何的特点是它把坐标赶了出去，因而它的研究成果不依赖于坐标系的选择。因此，整体微分几何的结论反映了时空的内禀性质，不用担心坐标系带来的误会。

### 🌀 7.3　面积定理

霍金从此转入了对黑洞的研究。有一天，在上床睡觉的时候，他的头脑中突然闪过一个猜想：在合理的物理条件下，随着时间的发展，黑洞的表面积只会增大不会减小。第二天，他给出了这一猜想的严格证明，这就是黑洞的面积定理。这个定理的一个直接推论是，两个黑洞可以合并成一个大黑洞。但是较大的黑洞不能分裂成两个较小的黑洞。这是因为，如果两个小黑洞的质量加起来与一个大黑洞的质量相等，则大黑洞的表面积要大于这两个小黑洞的表面积之和。

霍金没有进一步分析自己得出的面积定理的物理含义。但是，这一定理引起了一位美国研究生的注意。这位名叫贝肯斯坦（Jacob Bekenstein）的青年正在追随著名的相对论专家惠勒攻读博士学位。贝肯斯坦觉得面积定理十分有趣。黑洞的表面积只会增大不会减小，这太有意思了。他想：物理学中有没有其他只会增大不会减小的物理量呢？他立刻想起了热力学中的"熵"。熵是系统混乱度的量度。物理学中的热力学第二定律指出，孤立系统或绝热系统（与外界没有热交换的系统）的熵，随着时间的发展只会增加不会减少。黑洞的表面积莫非是黑洞的"熵"？这个猜想实在太大胆了。贝肯斯坦设想有一袋气体，内中的分子有热运动，当然既有温度又有熵。如果把这袋气体投入黑洞，外界将失去这个口袋的所有信息，而且由于进入黑洞的物质和信息都不再能跑出来，口袋系统包含的熵似乎从宇宙中消失了。热力学第二定律难道不对了吗？贝肯斯坦想，第二定律应该是正确的，不可能被推翻。这样看来，口袋扔进黑洞后，黑洞的熵应该增加，这样就可以保证第二定律成立。所以，贝肯斯坦更加相信自己关于黑洞表面积就是黑洞的熵的猜想是对的。他的老师惠勒对他说："你的思想够疯狂，但它可能是对的。"

### 〰️ 7.4 霍金辐射

经过研究，贝肯斯坦给出了黑洞熵 S 与黑洞表面积 A 的关系式，这个关系式为：

$$S = \frac{\pi A k c^3}{2hG} \quad (7.1) \qquad\qquad (7.2)$$

式中 k 为玻尔兹曼常数。他还写出了热力学第一定律在黑洞情况下的表达式，其中与熵对应的黑洞温度为：

$$T = \frac{hc^3}{8\pi GMk_B} \quad (7.2) \qquad\qquad (7.3)$$

贝肯斯坦的工作受到霍金和其他一些物理学家的批评。他们认为，黑洞是用广义相对论和微分几何预言的天体，在预言过程中根本没有用到热力学和统计物理，怎么可能出现温度和熵这些热学量呢？他们认为黑洞表面积确实像熵，但肯定不是熵；黑洞表面引力像温度，但肯定不是温度。

霍金他们还指出，任何有温度的物体都必然会有热辐射。黑洞是任何物质（包括光）都跑不出来的天体，怎么可能产生热辐射？所以，黑洞根本不可能有温度，当然也不可能有熵。

霍金把贝肯斯坦建立的黑洞热力学称为黑洞力学。说它像热力学，但本质上不是热力学，而是力学。几个月后，霍金又反思这场争论。他想，万一贝肯斯坦是对的呢？如果考虑量子效应，黑洞是不是真的会发出热辐射呢？霍金反复思考，不断尝试，终于得出了惊人的结果，黑洞真的会发出热辐射，其温度恰是贝肯斯坦给出的温度。那么，黑洞的表面积也就确实是黑洞的熵了。

黑洞内部都是单向膜区，任何物体或信息都只能往里掉，怎么可能有热辐射跑出来呢？霍金最后用弯曲时空量子场论解答了这个问题。相对论性的量子理论叫作量子场论，它的背景时空是平直的，狭义相对论在其中适用。量子场论是相当成熟的量子理论。按照这个理论，真空并不是一无所有的东西，它会发生涨落。不断会有虚的正反粒子对从真空中产生，然后又很快湮灭。例如，它会不断地产生正反电子对，一个是一般人都熟悉的带负电的电子，另一个是带正电的正电子。正电子是电子的反粒子，属于反物质，它除去带的电荷与通常的电子相反以外，其他物理性质（例如：质量、自旋等）都与电子相同。

作为实物的电子和正电子都已在实验中观测到，它们的质量都是正的。但真空涨落中产生的正、反电子是虚粒子，其中一个能量是正的（因而质量也是正的），另一个能量为负（因而质量也为负）。虚粒子对的总能量（总质量）为零，因而真空涨落过程中能量（质量）依然保持守恒。由于真空涨落过程非常短，要想在那么短的时间 $\Delta t$ 内观测到它，一定会受到测不准关系的干扰，测不准关系产生的效应中出现的能量涨落 $\Delta E \sim h/\Delta t$ 会掩盖虚粒子的能量。所以，没有人能够观测到虚粒子的存在，特别是观测不到负能虚粒子的存在。因此，从来没有人观测到过负能粒子。不管是负能电子、负能正电子还是其他负能粒子，都没有人能观测到。

霍金把推广到弯曲时空的量子场论应用于黑洞附近，以最简单的静态球对称的史瓦西黑洞为例，成功解决了黑洞产生热辐射的问题。他认为，在黑洞附近也会产生真空涨落，产生的正反粒子对会有三种结果。一种结果是与平直时空情况一样，产生的虚粒子对马上又湮灭了。另一种情况是，产生的虚粒子对一起掉进了黑洞。这两种情况都对黑洞没有什么影响，与黑洞产生热辐射无关。重要的是第三种情况，正反粒子对中带负能的那个（例如正电子）落入黑洞，带正能的那个（这种情况下就是电子）飞向远方。由于黑洞内部是单向膜区，落入黑洞的负能正电子会穿过单向膜区直奔奇点，融入聚集于奇点处的物质，使那里减少了一个电子质量（因为这个正电子是负能的），增加了一个正电荷。位于远方的观测者，将观测到一个带负电的正能量的电子飞了过来，而黑洞本身减少了一个电子质量、增加了一个正电荷。也就是说，远方观测者会认为黑洞向他发射了一个电子。霍金认为，这一过程还可以等价地描述为，从黑洞奇点附近射出了一个正能电子，它逆着时间穿越单向膜区（因为单向膜区时间指向奇点方向），到达视界后，被黑洞视界散射，再顺着时间方向飞向远方。

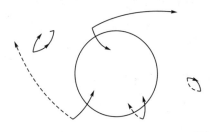

图 7-2　霍金辐射示意图

也许，有的人会问，是否会存在第四种情况，正能粒子掉进黑洞，负能的那个粒子飞向远方呢？答案是：不会。这是因为黑洞外部的时空和平直时空一样，不允许负能粒子长期存在。而黑洞内部的单向膜区的时空，允许负能粒子长期存在。所以，如果虚粒子对中正能的那个掉进黑洞，负能的那个也必定随之进入黑洞。所以，黑洞视界附近真空涨落导致的效应是不对称的。这种不对称就是允许第三种情况存在，但不允许第四种情况出现，这就导致了黑洞发出热辐射。

霍金不仅对这一辐射过程做了定性的物理描述，而且给出了严格的数学计算，算出的粒子辐射谱恰好为普朗克的黑体谱。也就是说，辐射粒子的能量分布恰好是普朗克给出的黑体辐射分布。我们还要指出，辐射中既含电子，也含正电子。而且要强调，虽然真空涨落中的粒子是虚粒子，落入黑洞的是负能粒子，但射出黑洞的都是正能粒子，不管是电子还是正电子，都是正能的。普朗克黑体谱显示的温度，正是贝肯斯坦等人预言的黑洞温度。

应该说明的是，负能粒子落入黑洞前的虚粒子对，虽然一个粒子负能一个粒子正能，但仍构成相互关联的纯态。但当负能粒子落入黑洞后，外部观测者就失去了它的信息，只能看到留在洞外的正能粒子。此时，虚粒子对中的两个粒子的关联消失了，纯态变成了混合态，熵增加了。这与辐射谱呈现黑体谱是一致的，黑体辐射几乎不含除温度外的任何信息。

黑洞发出霍金辐射的过程，是一个熵增加的过程。在这一过程中，由于黑洞质量减小，黑洞表面积也减小，这表明黑洞熵减少了。但是黑洞辐射出来的粒子，也具有熵。总的来说黑洞外部辐射增加的熵多于黑洞本身减少的熵，宇宙中的总熵还是增加了。因此，霍金辐射并不违背热力学第二定律。同时我们也清楚了，黑洞面积定理只在完全不考虑量子效应的经典情况下才成立。

至此，霍金给出了他一生中最重要的发现——黑洞会产生热辐射。黑洞的这一辐射被命名为霍金辐射。当他做出这一发现后，他的老师斯亚玛立刻发表评论："毫无疑问，霍金已经成为20世纪最伟大的物理学家之一。"

许多科研工作者，用不同的方法，把霍金辐射的证明推广到各种黑洞和各种自旋粒子的情况。北京师范大学刘辽教授和北京大学许殿彦教授领导的一个小组，首先证明了旋转的克尔黑洞和旋转带电的克尔－纽曼黑洞同样产生狄拉克粒子（即自旋为 1/2 的粒子）的霍金辐射。这两种黑洞是最一般的稳态黑洞，证明起来比较困难，要用到弯曲时空中的旋量计算。此后，北京师范大学的相对论组，又用自己创建的方法，把霍金辐射的证明推广到各种非稳态的变化中的黑洞，至今尚未看到有人用其他方法给出类似的证明。霍金辐射的发现，确认了黑洞存在温度和熵，黑洞不再被认为是一颗死亡了的星，黑洞应该存在丰富多彩的物理变化。

下面我们要谈黑洞的另一个特点：它具有负比热。具有负比热的物体一般不能与外界达成稳定的热平衡。黑洞的温度与它的质量成反比，这是导致比热为负的原因。

我们通常接触到的物体的比热都是正的。物体与外界达成热平衡时，仍然会有热涨落存在。对于正比热的物体，如果热涨落使它的温度略微升高，它就会向外界放出热量（通过热传导或热辐射），由于它比热为正，放出热量会使它温度降低，重新回到与外界热平衡的状态。如果热涨落使它温度略低于外界，则会有热量从外界流入，正比热使它获得热量后温度回升，重新与外界达到热平衡。所以，正比热的物体与外界的热平衡是稳定的。

像黑洞这样的负比热的物体，也可以与外界达到热平衡。但热涨落会使它的温度略微上升或下降。如果黑洞温度略微上升，就会有热辐射向外界射出。负比热使黑洞放热后温度升高（而不是降低），与外界的温差不但没有缩小反而增大，这就使得黑洞对外界的热辐射进一步增强，更多的热量从黑洞流出，黑洞质量进一步减小，温度进一步上升，使得黑洞与外界的热平衡彻底破坏。于是黑洞质量越来越小，温度越来越高，终于爆炸而消失。如果与外界处于热平衡时，涨落使黑洞温度略低于外界，就会有热辐射从外界流进黑洞，使黑洞质量增加，温度进一步降低，然后有更多的热量从外界流入黑洞。长此反复，黑洞越来越大，温度越来越低，黑洞与外界的热平衡被彻底破坏。这就是说，黑洞与外界虽然有可能出现短暂的热平衡，但热平衡不会稳定。研究表明，只在一些特殊的物理环境下，黑洞与外界有可能达成稳定的热平衡。例如，把黑洞放进一个绝热的盒子中。盒子中充满与黑洞温度相同的气体，而且气体质量不能超过黑洞质量的四分之一。

然而，真实的黑洞都不可能处在这样一种理想的环境中。天文学中的黑洞都暴露在辽阔的宇宙空间里，所以都不可能与外界达成稳定的热平衡。黑洞可能吸收外界热辐射而质量不断增大，温度不断降低。也可能不断向外热辐射，质量不断减小，温度不断升高。研究表明，大黑洞的温度很低，太阳质量的黑洞只有 $10^{-6}$ K，所以大黑洞的霍金辐射几乎可以忽略。但是小黑洞的温度可以变得极高，10 亿吨的黑洞，温度达 $10^{12}$ K，3000 吨的黑洞，温度可达 $10^{18}$ K。所以，极小的黑洞会发生爆炸而消失。

天文观测在宇宙中发现了一些猛烈爆炸的现象，例如 γ 暴之类，有人猜测可能是小黑洞爆炸现象，但现在还远不能确认。比较常见的是"吸积"现象和喷流。天文观测发现，一些恒星或星系会吸引空间中的物质围绕自己旋转，形成吸积盘。吸积盘中的物质在围绕中心天体旋转的过程中，会不断向盘心靠近，落入位于盘心的天体，并在垂直于盘的两极方向产生巨大的物质和辐射喷流。这些吸积和喷流现象已经被大量发现，但是目前还不能确认位于盘心的天体是否是黑洞。不管位于盘心的天体是不是黑洞，都有可能产生吸积和喷流。

## 7.5　安鲁效应

就在霍金发现黑洞存在热辐射的前一年，加拿大物理学家安鲁发现了另一个物理效应。安鲁研究了在平直时空（闵科夫斯基时空）中做惯性运动的观测者和做匀加速直线运动的观测者。他发现，当惯性观测者认为自己处在的环境是真空的时候，做匀加速直线运动的观测者却认为自己处在"热浴"中，也就是说，他感到周围存在热辐射，热辐射的温度和自己的加速度成正比。这是一个令人意外的研究结果。

通常的量子场论都是在平直时空的惯性系中研究的，科学家们早就发现，所有的惯性系都是平等的，当一个惯性观测者检测到周围环境是真空时，任何其他的惯性观测者，不论他们之间的相对速度是多少，都会一致地认为自己所处的环境是真空。许多人想当然地认为非惯性观测者也会和惯性观测者有同样的结论。安鲁的发现出乎人们的预料，看来真空不是对所有参考系都是等价的，只对各个惯性系是等价的。

为什么会出现上述情况呢？安鲁发现，对于做匀加速直线运动的观测者，在自己的身后会出现一个类似于黑洞表面的视界面，会有热辐射从这个视界面射出。这个视界被称作伦德勒视界，做匀加速直线运动的观测者被称为伦德勒观测者。伦德勒视界是伦德勒观测者能够收到信息的边界。之所以用伦德勒命名是因为伦德勒（Wolfgang Rindler）是第一个深入研究匀加速直线运动观测者的人。不过他没有指出此时空中存在视界，更没有指出存在热辐射。存在视界和热辐射是安鲁首先指出的，所以这一效应被称为安鲁效应。

安鲁当时没有把自己发现的效应与黑洞联系起来。霍金发现黑洞存在热辐射之后，安鲁才恍然大悟，并指出自己发现的效应与霍金辐射有类似的本质。因此，后来人们又把霍金辐射和安鲁效应合在一起称为"霍金—安鲁效应"。

安鲁研究的是平直时空，霍金研究的黑洞属于弯曲时空，这两种时空都可以存在视界，并因而导致热辐射。可见，视界和"霍金—安鲁效应"本质上与时空是否弯曲无关。那么与什么有关呢？与"视界"这种特殊的曲面有关。前面我们已经介绍过，视界是"零超曲面"，它们的特点是法矢量长度为零。研究表明，当零超曲面的对称性与时空的内禀对称性相同（例如静态球对称时空中静止不动的零超曲面）时，这种零超曲面就是"视界"。当放置于"视界"面处的质点受到的引力（即表面引力）大于零时，就一定会有热辐射从此视界面射出，其温度正比于这个"表面引力"。

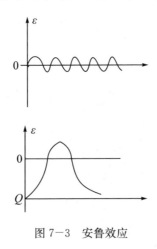

图 7-3　安鲁效应

实际上，"霍金—安鲁效应"的出现，是由于不同参考系中的真空不等价造成的。从平直时空中的安鲁效应最容易看出这一点。图 7-3 描述的是闵科夫斯基时空中惯性观测者和做匀加速直线运动的伦德勒观测者的真空能级示意图。闵科夫斯基时空处在绝对零度，有零点能存在（图 7-3 上）。伦德勒时空的真空零点比闵科夫斯基时空的真空零点低。所以在做匀加速直线运动的伦德勒观测者看来，闵氏时空的零点能就呈现为热能（图 7-3 下），周围环境处在"热浴"中。

第八章

# 霍金如何描述宇宙学？

8.1　哈勃定律

在第八章，霍金讨论了宇宙学的内容。这部分是非常宏大的，因为宇宙无所不包，而且人类就是宇宙的一部分，所以这是人世间最庞大的学科。当然了，宇宙学本身与黑洞并列成为广义相对论的两大研究领域，值得写的东西确实很多。

霍金首先介绍了他与彭罗斯的奇点定理。这个定理其实告诉我们，时间与空间是在宇宙大爆炸奇点处开始的。换句话说，宇宙起源于奇点。霍金自己还有一套他自己的宇宙学理论，不过这套被称为无边界宇宙学理论的影响力不是很大，现在已经没人提了。但霍金在写《时间简史》的时候，还一直在推销他的这一理论。简单来说，就是霍金提出了虚时间下的有限无边界的宇宙模型。不过这个模型我们不用太关心，因为在霍金写完《时间简史》这本书的 30 年后，宇宙学取得了很大的进展。

因此我们需要进行一些知识补充。在他写完书之后的 30 年来，人类发射了 COBE、WMAP、普朗克三颗卫星去探测宇宙的微波背景辐射，而且取得了很大成果。所谓的宇宙学标准模型也已经建立起来了。在标准宇宙学中，宇宙空间具有最大对称性，而且是在膨胀的。整个宇宙用罗伯逊（Howard Robertson）和沃克（Walker）的 RW 度规描述。罗伯逊是早年间美国的一个很优秀的相对论专家，他曾经是爱因斯坦引力波论文的审稿人，还指出了爱因斯坦文章中的错误。

RW 度规的给出纯粹是从对称性的考虑和宇宙膨胀的事实中写出来的。RW 度规可以描述宇宙，但它与爱因斯坦方程没有从属关系，也就是说，即使爱因斯坦方程不对，RW 度规也可以是正确的，二者的地位独立。它们结合的结果就是弗里德曼方程。弗里德曼方程描述宇宙到底是按照什么函数规律在膨胀。

宇宙膨胀这一个事实则是由哈勃发现的。事情还要从开普勒效应说起。当一个人站在火车站的月台，火车朝站台开来，随着它的靠近，它发出的鸣叫声变得越来越尖厉。等火车离开站台，它的鸣叫声变得越来越低沉。这就是声波的开普勒效应。光波也会有类似的效应。换句话说，不同的观察者看到的光的速度是不变的，但他们测量到的同一束光的频率是会变的。

从天文观测中看到的光谱的多普勒效应，可能有 3 个不同的原因：一个是平坦闵氏时空上的多普勒红移，一个是宇宙膨胀引起的宇宙学红移，还有一个就是引力红移。在小尺度时空很接近平坦，所以闵氏时空上的多普勒红移解释是可以的；但在大尺度时空，则一定要考虑宇宙学红移，也就是说明宇宙的空间本身正在膨胀，也会导致光谱的多普勒效应。

　　1923 年，在美国西海岸加州威尔逊天文观测站工作的哈勃测量出河外星系到银河系的距离。又过了 6 年，哈勃手头的观测数据积累得更多了，他在 1929 年得到了一个近似的结论：几乎所有星系都有光谱红移，而且红移跟距离成正比。这就是著名的哈勃定律。

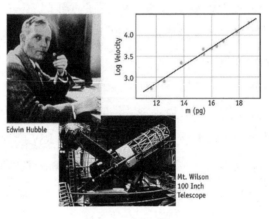

图 8-1　哈勃定律

　　哈勃定律的重要意义在于，它显示了在天空的各个方向，所有的星系全在离开银河系。这是很让人意外的，因为从统计物理的角度来看，星系被当作是理想气体，银河系仅仅是其中的一个气体分子，为什么所有的其他分子全在离开银河系分子呢？最好的解释是，空间本身在膨胀，拉大了银河系和各个其他河外星系之间的距离。

　　所以，我们可以用今天 2019 年的眼光来看整个宇宙学，这样会更清晰。我们现在可以看到，霍金是一个黑洞研究的专家，但他对宇宙学的研究则局限于他当时的时代——因为在他年轻的时候宇宙学的观测数据实在太少了，所以他对宇宙学的研究没有自己独特的贡献。正如霍金在书中所写，整个 20 世纪 70 年代他都主要在研究黑洞，但在 1981 年他去参加在梵蒂冈由天主教会组织的宇宙学会议时，他对于宇宙的起源和命运问题的兴趣才重新被唤起。当时他还见到了教皇保罗。在那次会议的尾声，所有的会议参加者应邀出席教皇的一次演讲。教皇说："在宇宙大爆炸之后的演化是可以研究的，但是不应该去过问宇宙大爆炸本身为什么会发生，因为那是创生的时刻，因而是上帝的事务。"

霍金在宇宙学中的基本思想是"量子力学会影响宇宙的起源和命运"。这使得他提出了所谓的虚时间下的有限无边界的宇宙模型。为什么霍金会考虑量子力学对宇宙学的影响呢？其实答案也许很简单，因为霍金曾经把量子力学引入了黑洞的研究，从而得到了黑洞热辐射的重要研究成果。所以，把量子力学引入到宇宙学对霍金来说是一种经验主义，也是所谓的"一招鲜，吃遍天"。

## 8.2 热大爆炸宇宙模型

不过，在介绍霍金自己的宇宙学模型之前。霍金给读者们介绍了当时乃至现在已经被公认了的"热大爆炸宇宙模型"，这部分恰恰是本章中最有价值的。

要了解热大爆炸宇宙的历史，最关键的一点是需要知道宇宙的温度是随着时间的增长不断下降的，而宇宙的尺度（也就是体积）是随着时间不断变大的。所以这里有一个基本的问题需要读者了解，那就是宇宙的温度与尺度是什么关系，这是了解宇宙演化历史的关键，而这可以从弗里德曼方程中解出来。

按照现在的标准宇宙学模型，宇宙的演化可以划分为两个阶段，第一阶段是辐射为主的阶段，第二阶段是物质为主的阶段。辐射为主的时期，宇宙的温度极高，所以粒子都可以看成是近似以光速运动的，这一时期粒子的静质量可忽略。辐射为主的时期，描述宇宙空间的尺度因子的四次方，与辐射的能量密度成反比。而到了宇宙大约1万岁的时候，宇宙温度降低，这个时候的宇宙开始变得以物质为主的，这个时候物质的能量密度与宇宙尺度因子的三次方成反比（相当于物质的密度与体积成反比，总质量保持不变）。

这两个阶段的宇宙膨胀的规律是不一样的。在第一阶段，宇宙以辐射为主，这个时候宇宙的温度随着时间的$-1/2$次方衰减。这是一个重要的结论。那么，问题来了，有了这个重要的规律，我们还需要知道这个规律的初始条件是什么。换句话说，我们需要知道一开始宇宙的温度是多少，而且一开始的时间是多少。

很多人可能错误地认为，宇宙一开始的时间可以设为0，但实际上不是的。作为一个物理上合理的理论，时间等于0是宇宙一开始创始的地方，但那地方是说不清楚的。物理学上能良好定义出最早的时间不是0，而是$10^{-43}$秒，叫作普朗克时间。而且，宇宙一开始的温度也不能记作无穷大，因为无穷大不是一个固定的数字，我们无法展开有意义的物理计算。所以，在物理上合理的温度应该是普朗克温度，也就是$10^{32}$摄氏度。这也就是在《时间简史》图8-2中提到的那些关键的时间与温度的来历。

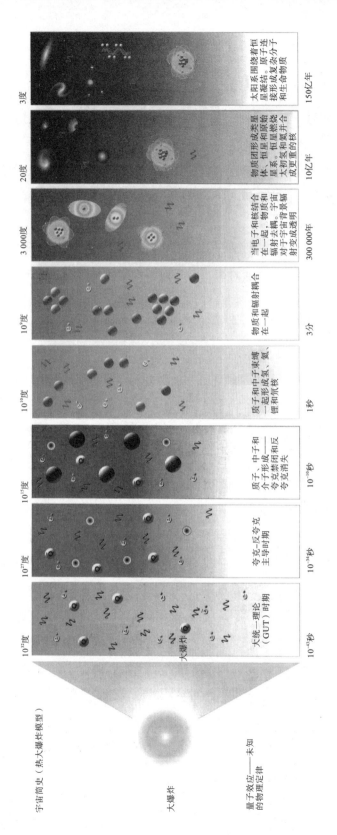

图 8-2

有了前面的这个解释，我们就可以看懂《时间简史》图 8.2 是怎么来的。而看明白了这个图，就可以了解宇宙的膨胀历史，也就相当于掌握了宇宙的命运演化历史。

因此，要充分理解这些关键数据，需要从普朗克时间与普朗克温度出发来标定后续的所有温度与时间，而这个标定的规律就是"宇宙早期以辐射为主，这个时候宇宙的温度随着时间的 $-1/2$ 次方衰减"。霍金的书中没有提及这个规律，所以这使得他给出的一系列数据看起来很难懂。但只要掌握了这个规律，就可以把关于宇宙的温度与年龄的数据算出来。当然，在书中，有时候写到宇宙温度的时候用的单位不是摄氏度，也不是开尔文，而是电子伏特。那么，对一般的读者来说，你只需要知道，一个电子伏特大概是 10 000 摄氏度，而开尔文温度与摄氏温度是成一次函数的关系，而且正比系数为 1，只相差一个常数。

《时间简史》中关于宇宙学的这一章，对普通读者来说，最难理解的其实就是这些物理量是怎么规定的。这其实涉及物理学的量纲分析。普朗克时间与普朗克温度就是通过量纲分析写出来的，这些数据在物理上很合理，但它们并不是非常精确的固定的数字，它们其实反映的是一个大概的尺度。比如我们说一个人的身高，肯定是 1 米左右，一只蚂蚁肯定不是 1 米的身高。这就是蚂蚁与人在尺度上的本质区别。量纲分析解决的就是尺度问题。

在霍金的书中，他认为在大爆炸时，宇宙体积被认为是零，所以是无限热——这句话其实没有物理意义，因为这里面没有数据，一个是 0，一个是无限大，这都不是物理概念。在物理学中是没有无限大的物理量的。辐射为主的宇宙的温度随着宇宙的膨胀而降低。霍金写道："大爆炸后的 1 秒钟，温度降低到约为 100

亿度，这大约是太阳中心温度的 1 千倍，亦即氢弹爆炸达到的温度。此刻宇宙主要包含光子、电子和中微子（极轻的粒子，它只受弱力和引力的作用）和它们的反粒子，还有一些质子和中子。"

首先，1 秒为什么对应 100 亿度？这个在前面说过了，需要从普朗克时间与普朗克温度出发来标定后续所有的温度与时间，而这个标定的规律就是"宇宙早期辐射为主，这个时候宇宙的温度随着时间的 $-1/2$ 次方衰减"。然后，为什么 100 亿度的时候，宇宙中主要是光子与电子以及中微子呢？这就需要用物理知识来理解。我们知道，100 亿度等于 $10^{10}$ 度，也就是 $10^6$ 电子伏特，或者说等于 1 兆电子伏特。这个能量下，光子的能量很高，它与电子的碰撞很激烈，这时的电子不太容易与质子结合成氢原子（因为氢原子的电子结合能量只有 13.6 电子伏特，小于外界温度，所以形成不了稳定结构）。比这个温度更低的时候，氢原子就可以形成了。

所以，随着宇宙的膨胀，温度会降低，但总体来说，在辐射为主的时期，当宇宙的尺度扩大到原来的二倍，它的温度就降低到一半。这句话也很重要，这反映了尺度与温度的关系。这其实类似我们前面说的温度与时间的关系。尺度与温度的关系可以从光子的波长看出来，我们知道，同一个光子，当宇宙尺度变大一倍的时候，这个光子的波长会增加一倍。这就好像一个气球上画了一只鸟，当气球被吹大一倍的时候，这个小鸟的线度也就放大了一倍。有了这个概念以后，就可以继续推导，当光子波长变大一倍的时候，频率变成原来的 $1/2$（因为它俩的乘积是光速，而光速是一个常数）。这个时候，根据光子的能量公式：光子的能量等于普朗克常数与频率的乘积，所以光子的能量也变成了原来的 1/2。因此，对大量光子组成的气体来说，宇宙尺度膨胀一倍，光子气体的总能量变成了原来的 1/2。而光子气体的总能量等于玻尔兹曼常数与温度的乘积（温度其实是粒子的平均能量），所以温度也就下降到原来的一半。这里面的逻辑过程是这样的。要想清楚这些，需要进行以上这段思维推演。

在大爆炸后大约 100 秒，温度降到了 10 亿度，也即最热的恒星内部的温度。在此温度下，质子和中子不再有足够的能量逃脱强核力的吸引，所以开始结合产生氘（重氢）的原子核。氘核包含一个质子和一个中子。然后，氘核和更多的质子中子相结合形成氦核，它包含 2 个质子和 2 个中子，还产生了少量的两种更重的元素锂和铍。这个过程被叫作"原初核合成"。当然，在这个过程中，不能合成出金银等重元素（它们需要在超新星大爆发的时候合成），只可以合成出一些轻元素。

这里面其实还有另外一个很重要的问题，那就是先有氢还是先有氦？这个问题的答案还得分成两部分来说。对于氢原子核与氦原子核来说，在宇宙大爆炸早期，存在一个"原初核合成"阶段。在这个阶段，首先产生氢原子核，然后再有氦原子核。氢原子核其实就是质子，质子的质量是 $1.6726231 \times 10^{-27}$ kg，如果用爱因斯坦的质能方程 $E = MC^2$ 来换算，质子的质量是 938 兆电子伏特，而每一个电子伏特大概相当于 1 万摄氏度。因此，只要宇宙的温度降低到 9 380 000 兆摄氏度的时候，质子就会在宇宙中产生。通过与宇宙大爆炸一开始的普朗克能标做比对，根据宇宙早期辐射为主的特点，可以计算出氢核（质子）是在宇宙大爆炸后 1 秒钟的时候就形成了。而氦原子核是在宇宙大爆炸后 3 分钟才开始形成的。所以，氢原子核的出现要早于氦原子核。而我们知道，元素的地位是由原子核的地位决定的，所以在这个意义上，氢先于氦出现。

当然，事情并没有那么简单，化学家不这样看。因为对化学家来说，原子更重要，光看原子核是不行的。对于氢原子与氦原子来说，它们不但有原子核，还需要结合电子才可以形成原子。出人意料的是，在宇宙大爆炸的早期，氦原子的形成要早于氢原子的形成。对于宇宙早期发生的天文现象，天文学家观测到的是光谱线。而宇宙是在膨胀的，所以越是宇宙早期的天文现象，其相对应的光谱波长越容易被宇宙膨胀所拉长，产生所谓的"红移"现象。所以知道了"红移"，也就知道了宇宙学意义上的"时间"，宇宙学家经常用红移来标记时间。比如宇宙诞生后 38 万年，光子开始变得自由，最后形成今天看到的宇宙微波背景辐射。宇宙诞生后 38 万年，按照宇宙学家的说法，也就是红移 1100 的时候。中性的氦原子是在红移约 2000 的时候出现的，而中性的氢原子在红移 1100 的时候出现。中性氢原子出现的时间，也就是宇宙微波背景辐射出现的时间——那时候就是宇宙 38 万岁的时候，也就是红移 1100 的时候。红移的数值越大，表示距离现在的时间越久远，也意味着这个原子的出现的时间越古老。氦原子光谱的红移比氢原子更大，氦原子才是宇宙中第一个出现的原子。

以上就是整个事情的两个侧面。宇宙在膨胀，膨胀导致的结果是温度下降。温度下降会使得物质形成。因为在非常高的温度之下，粒子运动得如此之快，以至于能逃脱任何由核力或电磁力将它们吸引到一起的作用。但是，当它们变冷，互相吸引的粒子开始结块，形成一个以物质为主的宇宙。

在本书前面的章节中已经说过，1948 年，来自苏联的科学家伽莫夫和他的学生拉夫·阿尔法在合写的一篇论文中，第一次提出了宇宙早期阶段的热图像。伽莫夫说服了核物理学家汉斯·贝特（Hans Bethe）将他的名字也加到这篇论文中，使论文作者依次排列为"阿尔法、贝特、伽莫夫"，正如希腊字母的前三个：α、β、γ。这是一篇很重要的关于宇宙如何开始的论文，简称 αβγ 理论。

关于伽莫夫这个人，我们应该介绍一下。伽莫夫 1904 年出生于俄国，他从列宁格勒大学毕业后，曾在丹麦的哥本哈根研究所访问。1931 年，伽莫夫被召回苏联，任命为列宁格勒科学院首席研究员，并在列宁格勒大学担任物理教授。在当时斯大林的高压制度下，伽莫夫感到自己富于想象力的天性受到压制，很不开心。1933 年在参加比利时布鲁塞尔召开的一次会议时，他抓住机会离开了苏联。离开苏联后，伽莫夫在法国巴黎的居里研究所从事研究，1934 年移居美国，在密歇根大学担任讲师，同年秋天被聘为哥伦比亚特区华盛顿大学的教授。在华盛顿大学工作期间，伽莫夫主要从事宇宙学和天体物理学研究，发展了大爆炸宇宙模型，并且研究了宇宙初始阶段化学元素起源的问题，这个时期是他学术生涯的顶峰，取得了一系列重要的研究成果，主要就是前面说的 αβγ 理论。在美国期间，伽莫夫与特勒一起建立了关于 β 衰变的伽莫夫－特勒理论以及红巨星内部结构理论。其科普著作《从一到无穷大》深入浅出，对抽象深奥的物理学理论的传播起到了积极的作用。

关于汉斯·贝特这个人我们也可以介绍一下，因为他也是一个诺贝尔奖得主，他所做的物理研究工作还是很重要的。汉斯·

贝特 1906 年 7 月 2 日生于德意志帝国的斯特拉斯堡，与他差不多同年纪的物理学家有朗道，朗道出生于 1907 年，而那些建立量子力学的人比如海森堡与泡利也只比他大 5 岁左右。汉斯·贝特在法兰克福大学学习物理，随后到慕尼黑大学研究理论物理学，并于 1928 年在慕尼黑大学获博士学位。他 1935 年赴美国康奈尔大学任教。1938 年贝特建立了一个至今被称为"标准太阳模型"的理论，他用很详尽的物理描述推测太阳能源来自其内部氢核聚变成氦核的热核反应，但这个过程不是直接反应，他提出了所谓的 PP 链来进行解释。由于这一贡献他获得了 1967 年的诺贝尔物理学奖。

### ⁀⁀ 8.3　宇宙微波背景辐射

αβγ 理论做出了一个惊人的预言：宇宙早期阶段的热辐射（以光子的形式）今天还应存在于周围，但是其温度已被降低到只比绝对零度（−273℃）高几度。而这正是彭齐亚斯和威尔逊在 1965 年发现的宇宙微波背景辐射。

宇宙微波背景辐射是宇宙中最早的光，这个物理概念也出现在了刘慈欣的科幻小说《三体》中，其实这是宇宙学中少数几个可以观测到的物理现象之一。在原初核合成后，宇宙气体处于等离子状态，随着宇宙膨胀，温度下降，最后粒子的平均热动能只剩 1 eV，这个时候原子核与电子开始结合成中性原子。这是在宇宙大约 38 万岁的时候发生的。一旦电中性原子成了主要组分，原来处于热平衡等离子态下的光子组分就失去了碰撞的机会。这于是就引起了光子的退耦——其情况就好像本来一起玩耍的小伙伴们结婚了，剩下的只有单身的了。退耦后的光子当然会永远存在下去，它就是现在人们讲的宇宙微波背景辐射。背景光子虽然失去了碰撞，但它过去的热平衡分布将保持，而其等效温度将继续随宇宙膨胀而降低，因为宇宙空间的膨胀会把所有波长相应拉长，根据维恩位移定理可知等效温度相应降低。伽莫夫当时估计出宇宙微波背景辐射的温度约在 10 K 左右（实际上我们现在的宇宙微波背景的实测结果是 2.73K），其波长的主要部分在微波波段。现在回顾地看，当年伽莫夫的理论（后来被叫作大爆炸理论）构建得非常精美。

20 世纪 60 年代初，普林斯顿大学的迪克（Robert Henry Dicke）和皮伯斯（James Peebles）研究了这方面的理论问题，迪克是标量张量理论的提出者——这是一个与爱因斯坦引力理论有竞争的理论，他很关心相对论的实验检验。皮伯斯 2006 年访问过清华大学，他在宇宙学研究中的地位很高，以前曾是迪克的学生。当时他们两人打算制造一个微波探测仪器，来探测宇宙微波背景。但是，当他们正在忙碌时，意外发生了。

1965 年，离普林斯顿不远的贝尔实验室的工程师彭齐亚斯和威尔逊意外地发现了这种宇宙最早的光。他们在波长为 7.35 厘米的长波段发现了温度为 3.5K 的不明信号——这个温度是根据电子学里的纳奎斯特定理估计出来的。这个信号非常特别，就是无论你如何改进探测仪器，它永远如影随形，不可消除。这个信号甚至与时间无关，与空间无关。也就是说，在任何季节，这个信号都存在；在天空的任何方向，这个信号也存在。彭齐亚斯和威尔逊完全不懂宇宙学，他们刚开始以为，这事情真是见鬼了。但他们还是把他们的观测结果写成了一篇 1 000 字的文章发表了出去，意思是在排除了微波天线上的鸽子粪以后，这些信号依然存在，特别有寻根究底精神的彭齐亚斯和威尔逊排除了来自天线本身和地球近处的可能，指出它是来自遥远宇宙的辐射背景，但具体这是什么东西，还需要得到进一步的解释。迪克和皮伯斯也在同一期的《天体物理杂志》上详尽地讨论了彭齐亚斯和威尔逊发现的信号的宇宙学意义，认为这就是宇宙微波背景辐射。被确认以后，组委会将 1978 年的诺贝尔物理奖授予了彭齐亚斯和威尔逊（当时伽莫夫已过世，不能得奖了）。

为了更加严格地验证背景辐射确实是黑体辐射谱，1989 年，美国宇航局（NASA）曾发射了一颗宇宙背景探测者卫星（COBE）来证实这个结论。因为地球上的大气对电磁波有吸收，高精度的探测必须在大气层外进行，所以发射卫星是最好的选择。COBE 在 0.1~10mm 之间的三十几个不同波长上安置了微波接收器，对背景辐射做精确测量。卫星上天不久，辐射谱的观测结果就得到了，用黑体辐射公式来拟合，竟可测定出四位有效数字的辐射温度，宇宙微波背景的温度全是 2.735 K，这也充分表明其辐射源的热平衡程度很高。至此早期宇宙是一个高度热平衡的均匀气体已无可置疑了。1992 年 COBE 还观测到了宇宙微波背景辐射在不同方向上存在着微弱的温度涨落。这个结果被霍金认为是人类科学历史上最杰出的发现之一，因为只有在均匀的宇宙背景里找到涨落，星系和生命才可能形成。宇宙微波背景辐射是大爆炸遗留下来的目前唯一可以观测的遗产。后来，又有两个新卫星被发射上去以探测这个信号。在 2016 年 LIGO 发现引力波以后，中国也在西藏的阿里启动了"阿里计划"，阿里计划的微波蜂窝探测器也可以探测宇宙微波背景辐射中存在原初引力波的信号，所以未来几年阿里也可以探测宇宙微波背景辐射了。

那么，宇宙微波背景辐射证明了宇宙是从大爆炸而来的，还有其他的问题吗？当然有，霍金在书里也提到了四个问题。

（1）为何早期宇宙如此之热？

这个问题当然不算是一个问题，因为宇宙大爆炸一开始肯定是热的，总体来说宇宙的总能量要守恒（当然更深邃的问题不能讨论，那就是到底是谁在观测这个宇宙的总能量？这个总能量依赖的参考系是什么?），早期宇宙尺度小，所以温度高，现在的宇宙尺度大，所以温度低。这个问题还可以换一个角度来说，那就是为什么宇宙要发生大爆炸。

（2）为何在大尺度上宇宙是如此一致？为何在空间的所有地方和所有方向上它显得是一样的？尤其是，当我们朝不同方向看时，为何微波辐射背景的温度是如此相同？

霍金说这有点像询问许多学生同一个问题。如果所有人都刚好给出相同的回答，你就会十分肯定，他们互相之间通过气（否则答案不会一模一样）。在宇宙中也是同样道理，从大爆炸开始光是来不及从一个很远的区域传到另一个区域的，即使这两个区域在宇宙的早期靠得很近。因为按照相对论，如果连光都不能从一个区域走到另一个区域，则没有任何其他的信息能做到。所以，除非因为某种不能解释的原因，导致早期宇宙中不同的区域刚好从同样的温度开始，否则，没有一种方法能使它们有一样的温度。这个疑难后来被所谓的暴涨理论所解释。

（3）为何宇宙以这样接近于区分坍缩和永远膨胀模型的临界膨胀率的速率开始，以至于即使在 100 亿年以后的现在，它仍然几乎以临界的速率膨胀？

如果在大爆炸后的 1 秒钟其膨胀率甚至只要小十亿亿分之一，那么在它达到今天这么大的尺度之前，宇宙就已坍缩。这是一个所谓的巧合性问题，大概意思是说为什么宇宙中的物质不多也不少，刚刚可以让宇宙空间按照平坦的方式膨胀。如果物质多一些，宇宙早收缩崩塌了。这可以用所谓的人择原理来解释，但意义不大。所以霍金在这里讨论了一些与上帝创造世界有关的思想，不过这些都不算是科学，只是他的一些感慨。

（4）尽管在大尺度上宇宙是如此一致和均匀，它却包含有局部的无规性，诸如恒星和星系。人们认为，这些是从早期宇宙中不同区域间密度的细微差别发展而来。这些密度起伏的起源是什么？

这个问题的答案就是量子涨落，有了量子涨落，才有了宇宙的原始结构，星系才可以形成。

### 8.4　暴涨理论与原初宇宙

总之，要回答以上这四个问题，需要用到一些新的宇宙学假设，概括起来就是所谓的暴涨理论。麻省理工学院的科学家阿兰·古斯（Alan Harvey Guth）提出，在热大爆炸之前，早期宇宙可能存在过一个非常快速膨胀的时期（在这一阶段，宇宙的尺度因子随着时间是指数增长的）。这种指数式的膨胀叫作"暴涨"。按照暴涨理论，在远远小于 1 秒的时间里，宇宙的半径增大了 100 万亿亿亿（1 后面跟 30 个 0）倍。暴涨结束以后，宇宙的大小接近一个硬币的大小。不过暴涨理论至今没有被实验证实，只是一个很漂亮的理论，这个理论解释了宇宙的平坦性问题，也有可能在不久的将来得诺贝尔奖。

其实，暴涨模型有很多不太一样的细节差别，所以有很多种。物理学家把热大爆炸之前的宇宙称为"原初宇宙"。在过去几十年间提出了多种理论描绘原初宇宙的演化。原则上，通过细致测量宇宙大尺度的不均匀性，可以判定具体的暴涨模型，可以推断出暴涨发生的特征时间尺度与特征能量。

近年来，物理学家发现，原初宇宙中的重粒子可以作为标准时钟，它将在今天宇宙的大尺度不均匀性中留下痕迹。2015 年，哈佛大学的陈新刚和穆罕默德·侯赛因·那姆吉（Mohammad Hossein Namjoo），与香港科技大学的王一发现，原初宇宙中重粒子可作为标准时钟，而其量子涨落足以对时空自身的扰动产生影响。因此，现今宇宙大尺度不均匀性的三点关联函数（也称为非高斯性）有可能携带标准时钟的信息。2019 年，陈新刚、哈佛大学的亚伯拉罕·勒布（Abraham Loeb）与鲜于中之合著的一篇文章中发现，重粒子还将通过一种不同的方式影响大尺度不均匀性的两点关联函数（也称为功率谱）。对于试图寻找标准时钟信号的实验家而言，这是个好消息。因为在实际观测中，宇宙大尺度的不均匀性功率谱的测量远比测量非高斯性容易。

〰〰 8.5　暗物质粒子

另外，值得强调的是，霍金在写《时间简史》的时候，还没有发现暗物质，现在的情况已经很不同了——我们的宇宙模型必须包含暗物质。

暗物质粒子的理论模型非常多，寻找暗物质粒子犹如在茫茫人海中找人，我们中国有很多省份，如果要寻找一个中国人，但只告诉你这个人的名字，你很难猜出这个人具体来自哪个省。但如果你看到这个人长得比较高大魁梧，那么你可以大概猜想这个人也许来自山东或者东北。暗物质粒子的探测也是一样，现在我们甚至连暗物质的名字到底是什么都不知道。有的人说暗物质叫WIMP，有的人说暗物质叫 Axion……公说公有理，婆说婆有理。暗物质目前在我们宇宙中的密度大概是每立方厘米 0.3GeV，差不多相当于每立方厘米半个质子。

根据不太相同的理论模型，有一种暗物质粒子的质量在 1GeV－1 000GeV 量级（作为对比，我们知道质子的质量接近 1GeV），这个粒子就是所谓的 Weakly Interacting Massive Particle（WIMP）暗物质粒子。

WIMP 弱相互作用大质量粒子是一类流行的暗物质候选者。在宇宙热大爆炸模型中，随着早期炽热的宇宙逐渐膨胀并冷却，暗物质粒子与其他粒子解耦合并且长期稳定留存到今天。只要暗物质粒子具有相当于弱相互作用的反应截面，或者说它可以参与弱相互作用，并且它们还比较重（静质量大于 1GeV），在广泛的质量范围内（从 GeV 直到 TeV 量级），都能自然地解释现在天文观测到的暗物质的密度。这就是 WIMP 得名的原因——参与弱相互作用并且质量大。而 WIMP 在热大爆炸宇宙模型中对于宇宙暗物质密度的成功解释就被俗称为 WIMP miracle（WIMP 奇迹）。可以看出，WIMP 粒子肯定比质子重，因此如果要让它去撞一个原子核，假设这个被撞的原子核质量与 WIMP 差不多，那么就可能发生弹性碰撞，可以把被撞的原子核加速到很高的速度。这个被撞的原子核获得这些动能后就能运动起来，最后撞上别的物质而发光，科学家可以通过发出的光来确定 WIMP 粒子的质量与其相互作用的截面。

在具体的操作中，有一部分科学家就选择了氙原子核作为被撞对象。因为氙是 54 号元素，它的原子核质量为 124 个质子质量。氙原子核与 WIMP 的质量是接近的，因此可以"关公战秦琼"，而不是"关公战蚂蚁"，这看起来也许是一幕好戏。

暗物质粒子数量众多，每平方厘米每秒有约 100 000 个暗物质粒子飞过，但真要让它与氙原子核撞上还并不那么容易，这就好像在太平洋里有两条沙丁鱼，它们要迎面撞上的概率其实很小。为了扩大碰撞的概率，一个解决方案就是提高液氙的体积。比如中国类似的暗物质粒子探测计划"熊猫计划"就在四川锦屏山地下 2 400 米，用了 500 千克的液氙，但也没有发现暗物质粒子存在的可靠证据。如果想把探测灵敏度提高 100 倍，那么简单估算一下，500 千克液氙是不够的，大概需要再乘上 100，也就是需要 50 000 千克，或者说 50 吨——这已经超出了全球液氙的年产量。

霍金在这一章节还花了大量的篇幅来解释所谓的人择原理。这个原理描述的是我们这个宇宙为什么是这样的。这很简单，因为如果宇宙不是这样的，我们人类就不会出现，就没有人来问这些问题了，所以宇宙不得不如此。这当然不算是一种科学的回答，而仅仅是一种对问题的哲学回答。

第九章

# 时间箭头是怎么出现的?

## 9.1 世界线是什么?

霍金在书的第九章谈到了"时间箭头",这使得他的写作回到了书的主题,因为《时间简史》顾名思义本来就应该是谈论"时间"的。

对老百姓来说,时间是一个很让人困惑的概念。霍金虽然在第二章《空间与时间》中已经谈过时间,在那里也画过几张时空图,但他其实一直没有指出一个很重要的概念,那就是"世界线"。如果按照相对论学家的专业术语,世界线的长度才是时间,但霍金没有提到世界线这个概念。

对于时间到底是什么,霍金在本章的一开头是这样说的:

"在前几章中看到了长期以来人们关于时间性质的观点是如何变化的。直到 21 世纪初,人们还相信绝对时间。也就是说,每一事件可由一个称为'时间'的数以唯一的方式来标记，所有好的钟在测量两个事件之间的时间间隔上都是一致的。然而，对于任何正在运动的观察者光速总是一样的这一发现，导致了相对论；而在相对论中，人们必须抛弃存在一个唯一的绝对时间的观念。代之以每个观察者携带的钟所记录的他自己的时间测量——不同观察者携带的钟不必要读数一样。这样，对于进行测量的观察者而言，时间变成一个更主观的概念。"

霍金的话提到了绝对时间与主观时间，看起来好像比较难以理解。其实，任何有质量的物体本身都是一把刻画时间的尺（光子没有静质量，所以光子不能用来计时，换句话说就是光子的时间永远等于零）。

一个有静止质量的物体在时空中的轨迹就是所谓的"世界线"。一个点在空间中是一个点，但在时空中因为时间不会停止，所以就画出一条线（世界线）。世界线是相对论中最基础的概念之一，大概意思是把一个空间点拉长成为一条线，比如一个中学生在操场上跑圈。在空间上来看，他的轨迹在 400 米标准跑道内，但看他的世界线，仿佛是庙宇里的一个盘香——是一条螺旋线。

世界线的长度就是一个物体本身的真实时间，在物理学上这叫作 proper time，翻译为"固有时间"——就好像我们说钓鱼岛是中国的"固有"领土一样。

要理解"世界线"，首先要掌握狭义相对论最核心的思想：把时间和空间结合在一起作为一个整体来考察。比如，一个孕妇在怀孕的时候，可以选择做二维 B 超，也可以选择做三维 B 超去观察肚子里胎儿的情况：二维是平面图像，三维则是立体图像。而最新近的四维 B 超，则就是三维立体图像加上一维时间组成的动态录像，可以观察到孩子在孕妇肚子中吸吮手指抓耳挠腮等可爱的动作。这动态的录像，就是四维的，把时间也加进来了，与空间组成一个整体的考察对象。

爱因斯坦最伟大的贡献，就是在空间中加上了时间，而且时间不再只具有唯一前进方向：不同的人，有不同的时间——时间是私人的，就好像我们每个人都有电脑、手表和手机，但这些时间走动的快慢往往是不一样的（因为不同的电子产品里面表征时间走速的晶振不一样）。在这个意义上，火车的列车时刻表是没有意义的，因为根本不存在公共的标准时间，不同的旅客都有不同的时间走动的速率（火车时刻表现在还能用，是因为旅客的运动速度相比光速都很慢；在未来星际社会，旅客们有了近光速的飞船，相互之间的时间差异会很大）。

有了世界线的概念以后，我们才可以更清晰地谈论时间箭头。每一个粒子都对应一条世界线，这条世界线的切矢量的方向就是这个粒子当下的时间箭头。在这个意义上来说，宇宙中并不存在一个统一的时间箭头，因为每一个粒子的世界线的切矢量都不是平行的，而且在弯曲的时空中因为引力的存在，这种平行性的定义需要微分几何的数学才能完成。

霍金跳过了世界线这个概念，直接谈论时间，这使得他的讨论开始有点脱离了相对论的色彩，比如他讨论了心理学上的时间箭头——这明显不是物理讨论。

## 9.2 热力学时间箭头

霍金也提到了热力学的时间箭头。热力学时间箭头来自热力学第二定律，这一物理定律认为一个孤立系统的熵只能随着时间流逝不断增加，而不会减少，最后达到熵的最大值。熵被认为是无序的量度，也是混乱程序的量度。一个系统越混乱，它的结构信息丢失得就越多，这个系统的熵就越多。最近几年，人工智能兴起，很多人可能听说过人工智能的算法中有一种叫作决策树的算法，这个算法的核心其实就是定义了一个熵，然后让人工智能计算出熵走减少最多最快的方向——从这个意义上来说，人类的思考也是如此，人类的思考就是要从混乱的体系中整理出信息来，然后让熵降低，这就是人类做决策的过程。

热力学第二定律所研究的熵隐含着一种由孤立的封闭系统的有序度变化所指定的时间方向（也就是说，随着时间流逝，系统总是越来越无序）。这当然是有道理的，但这一原理不可以任意应用到我们的宇宙，因为我们的宇宙并不见得是一个封闭系统。

"熵"这一概念的提出，是19世纪科学思想的一次革命。19世纪，由于蒸汽机的大规模应用，大家开始研究如何提高热机的效率，这个过程中热力学开始建立和发展起来。1842年到1843年，焦耳（James Prescott Joule）等人建立了热力学第一定律。1850年到1851年克劳修斯（Rudolf Julius Emanuel Clausius）等人建立了热力学第二定律。热力学第二定律指出了在一个不与外界发生物质和能量交换的孤立系统中无论其初始条件和历史如何，它的一个叫作熵的状态函数一定会随时间的推移单调地增加，直到达到热力学平衡态时趋于极大，从而指明了不可逆过程的方向性，即"时间箭头"只能指向熵增加的方向。

热力学第二定律的意义可以和生物学中的"进化论"相提并论。但是，这两门学科所提出的"时间箭头"的方向却截然不同，热力学第二定律让系统越来越无序，而生物进化论则让一个组织越来越有序（熵降低），所以自然界一直存在两种对抗性的基本力量。在刘慈欣的科幻小说《三体》中，也把生命形式叫作"低熵体"，这是很有道理的。其实我们人类也是低熵体，我们要维持自己的低熵状态，需要吃低熵的物质，比如蔬菜水果，而排出高熵物质——粪便。

克劳修斯把热力学第二定律推广到全宇宙，就得出了"宇宙热寂说"的结论。不过因为宇宙在膨胀，而且宇宙并不一定是封闭的，所以"宇宙热寂说"在现在这个时代已经不值一提了。

问题还没有那么简单，大概在 1890 年的时候，著名数学家庞加来在研究数学的时候，提出了一个所谓的庞加来回归定理，庞加来回归定理说的是一个封闭系统的熵不一定是增加的。如果考虑一个物理系统所有的粒子，那么这个系统有一个相空间，相空间里的一个点表示这个系统某一个瞬间的状态，如果这个系统是一个能量守恒体积有限的保守系统，而且整个系统的演化保持整个相空间的体积不变，那么庞加来回归定理说的是只要时间足够长，系统总可以不断回归到出发点的附近。这就好像中国的股票市场，上证指数总能不断回归到3000 点附近。这个回归定理显然表示，在一些特殊的情况下，熵不一定会增加，所以不存在特定的热力学时间箭头。

不过，这里其实有两点需要提出来，首先，庞加来回归定理要求整个系统的演化没有能量的损失，这一点在实际上是做不到的，没有一个真实的物理系统在演化的时候不存在能量的耗散。其次，庞加来回归定理所要求的回归时间往往比宇宙的年龄要长得多，所以对一般的物理系统没有现实意义，只不过具有数学意义。

霍金在书中没有写到庞加来回归定理，不过庞加来回归定理其实是热力学第二定律的一个对立面，它确实给出了一个没有明确时间箭头的演化过程，这是读者们需要注意的。

## 〰 9.3 量子场论的 CPT 定理

随后，霍金再次提到了量子场论中的 CPT 定理，在书中的第五章讲基本粒子与自然力的时候其实已经提过这部分内容了。这里主要难以理解的是 T 表示的是时间反演，也就是把时间从正号变成负号，即在微观世界里，很多物理规律其实是区分不出时间方向的。因为在时间上倒着走的粒子可以看成是一种反粒子。一个电子如果倒着时间走，从未来走到现在，那么这个电子就变成了正电子。

CPT 定理中的 P 表示宇称，这到底是什么意思？这里可以大致介绍一下。在本书前面关于狭义相对论的章节中，其实已经提到，狭义相对论其实起源于一种对称性，这种对称性叫作庞加来对称性或者叫作洛伦兹对称性，这个对称性里包含了关于左与右是对称的思想。在物理的世界里，很大程度上会表现出一种天生的对称性。因此，关于左与右的对称其实就像物体在一个镜子里的镜像对称一样，初中的物理教材都介绍过平面镜的成像规律。

但在微观世界，实际上远比这个要复杂。事情还得从二战结束以后，物理学家研究各种新的微观粒子说起。从 1947 年开始，物理学家发现在宇宙射线里有 θ 介子在云室中发生了如下图的衰变轨迹。而且可以测量出来的 θ 介子的质量是质子质量的一半。因为质子的质量是电子的 1840 倍，所以 θ 介子的质量是电子的 920 倍左右。可以看出 θ 介子衰变为 2 个 π 介子——π 介子的质量是电子的 270 多倍，2 个 π 介子的质量是电子质量的 540 倍，远小于 θ 介子的质量，所以这里有很大一部分质量是以能量的方式释放出来的。聪明的读者可能会注意到，270 的 3 倍等于 810，也是小于 920 的，所以 θ 介子会不会产生 3 个 π 介子呢？

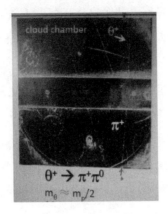

图 9-1 1947 年发现的 θ 介子衰变为 2 个 π 介子

到了 1949 年，在乳胶照片上拍摄到 τ 介子衰变为 3 个 π 介子的情况。但非常巧合的是，τ 介子的质量大约为 970 个电子质量，这一点与前面讲到的 θ 介子的质量是差不多的。

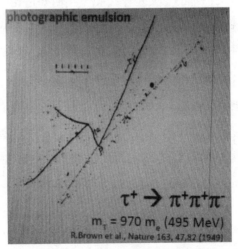

图 9-2 1949 年在乳胶照片上拍摄到 τ 介子衰变为 3 个 π 介子

这是两件非常独立的事件，当时还没有人意识到这两件事情其实是有联系的。就好像是一个女子生了一对双胞胎，另外一个女子生了三胞胎，虽然这两个女人的体重是差不多的，但生双胞胎与生三胞胎的女人并不是同一个人——这是当时物理学家的第一印象。

在对 τ 介子衰变的研究中，物理学家达立兹（Dalitz）引进了达立兹图来对 τ 介子的宇称与自旋进行了分析。为什么要分析呢？因为 τ 介子衰变为三个 π 介子，如果三个 π 介子都是静止的，那么它们的宇称很容易分析；但因为三个 π 介子都具有速度，相对运动会产生轨道角动量与轨道宇称，所以要精确测出这三个 π 介子的动量分布与角分布，才可以做完善的系统的宇称分析。那么什么是达立兹图？说起来其实也不难，我们知道，当 τ 介子衰变为 3 个 π 介子的时候，是满足能量与动量守恒的。比如 3＝1＋1＋1 或者 3＝1.2＋1＋0.8。这就是运动起来的时候的总能量守恒，那么它在平面几何上的意义是什么呢？我们知道在一个正三角形内任意一点 p，到正三角形各边的距离之和是一个常数，因此正三角形内的任意一点 p 到各边的距离给出了满足能量守恒的一种衰变的状态。但如果继续考虑动量守恒，则并不是三角形内任意一点所代表的状态都是可以的，因为动量守恒会给出一些新的限制。把这些守恒定律用画图分析的方法展示出来，就被称为达立兹图。实验物理学家就是把观测到的数据，也画在那个三角形内，然后进行数据的统计分析，最后得出 τ 粒子的自旋与宇称的统计分析结果。尤其是宇称，达立兹他们分析的结论是 θ 介子的宇称与 τ 介子的宇称是不一样的。

但是，前面已经说了 θ 介子的质量与 τ 介子的质量是差不多的，而且它们的寿命也差不多，这两点却可以让人怀疑θ介子与τ介子可能是同一种粒子。因此，这就成了一个谜。

那有没有可能是宇称的分析出了什么问题？我们再来回顾一下宇称这个概念。宇称描述的是基本粒子在空间反演下所表现出来的量子特征。一般把宇称算子记为 P，它作用到波函数上，只有两个本征值，那就是＋1 和－1。如果描述某一粒子的波函数在空间反演变换下改变符号，该粒子具有奇宇称（P＝－1），如果波函数在空间反演下保持不变，该粒子具有偶宇称（P＝＋1）；n 个粒子组成的系统的宇称等于这 n 个粒子宇称之积再乘以这 n 个粒子之间的轨道宇称之积。

因此，所谓"宇称"，粗略地说，可理解为"左右对称"或"左右交换"，按照这个解释，所谓"宇称不变性"就是"左右交换不变"或者"镜像与原物对称"，当然这样说的时候，人是同一个人，都是站在镜子外面的，人不能跑到镜子里面去观测。那么，当时的"θ－τ"之谜就与数学上的哥德巴赫猜想有点像了。哥德巴赫猜想说：任何一个大奇数都可以分解为 3 个素数之和，比如 19＝3＋5＋11。这就类似于"τ→π＋π＋π"；任何一个大偶数都可以分解为 2 个素数之和，比如 20＝3＋17，这就类似于"θ→π＋π"。

我们都知道奇数与偶数是不一样的，所以从宇称的角度来说，θ与τ就不是同一个粒子，否则的话，难道奇数会等于偶数吗？这也太不可思议了，相当于说宇称是不守恒的。反过来说，如果θ与τ是同一个粒子，那可以把它们统一称为 K 介子，K 介子发生了 2 个过程，它好像是一个分娩的孕妇，难产的时候，孕妇自己会死掉，但会生出双胞胎或者三胞胎。K 介子在这个过程中发生了所谓的弱衰变。其中也有中微子出来，但因为中微子的宇称为0，所以不影响。K介子会变成2个π或者3个π。π的宇称是−1。

这件事情本来其实也不奇怪，以前钱三强与何泽慧就已经发现过原子核在分裂的时候，可以一分为二，也可以一分为三，称为三分裂现象。这说明强相互作用的量子现象，量子就表示随机。（当然这只是一个类比，K介子并不是原子核，前者分裂为2或者3个π介子不是因为强相互作用，而是因为弱相互作用。）但是，随机不表示没有限制。一些基本的守恒量会限制住这些随机性。这就类似于自由，个人的自由不能以妨碍他人的自由为前提——这就是基本的原则，是不能在一个民主社会中被突破的。物理规律也是一样，在特定的随机下潜伏了一系列的限制，这些限制来自于守恒定律。而宇称守恒定律被认为是一个不证自明的东西。

也就是说，因为空间是均匀的，太空中没有东南西北，是分不清楚方向的，所以无所谓左右。于是基于物理学家以惯常的直觉相信，在一些基本的相互作用中，时间反演应该是对称的，而左右也应该是对称的，宇称是守恒的。

但是，这些其实都不是事实，不经检验的物理直觉也许是错的。比如爱因斯坦引力方程，时间就不是反演不变的，可以朝着一个时间方向演化出黑洞，但黑洞产生以后，时间就会被终结，时间不会朝反方向走。于是人们再加了一条，说任何量子化的理论，它应该是时间反演不变的，比如黑洞形成以后，如果考虑量子力学的话，黑洞还是会发生霍金所预言的蒸发，信息还是能回来的（当然这个在目前还是一个理论研究的前沿，相关工作可以参考霍金的最后一篇论文，主要关于黑洞的"软毛"，黑洞的软毛认为黑洞表面并不光滑，而是长了很多毛，这些毛携带了很多信息）。但因为我们现在还没有一个量子化的引力理论，因此还不能很好地把量子加到引力上，所有的论断都还只是猜测而没有实验验证。

如果不考虑引力，物理学家相信，时间反演是一个重要的性质，当然宇称也就是空间左右也是对称的。实际上后来李政道与杨振宁提出了在弱相互中宇称不守恒的理论，最后被吴健雄等人实验证实。这在《时间简史》的书里也已经提到过了。有了这个做基础，后来发展出了 CPT 定理。

总的说来，CPT 定理这一部分的主要意思是在微观世界没有特定的时间方向，单个粒子不能给出一个宏观的时间箭头。

但是，宏观世界会出现时间箭头。因此，有理由相信，宏观的时间箭头是多个粒子的相互作用引起的，是一种衍生的现象。

### 9.4 宏观世界的时间箭头

为了说明宏观世界的时间箭头，霍金在书中让读者想象一杯水从桌子上滑落到地板上被打碎。如果将其录像，可以容易地辨别出它是向前进还是向后退。如果将其倒回来，可以看到碎片忽然集中到一起离开地板，并跳回到桌子上形成一个完整的杯子。但正常人可以轻易断定录像是在倒放，因为这种行为在日常生活中从未见过。为何我们从未看到碎杯子集合起来，离开地面并跳回到桌子上，通常的解释是这违背了热力学第二定律所表述的在任何闭合系统中无序度或熵总是随时间而增加。

除了这种热力学的时间箭头，霍金认为至少有三种不同的时间箭头：第一是热力学时间箭头，即在这个时间方向上无序度或

第九章

177

熵的增加；然后是心理学时间箭头，这就是我们感觉时间流逝的方向，在这个方向上我们可以记忆过去而不是未来；最后是宇宙学时间箭头，在这个方向上宇宙在膨胀，而不是收缩。

霍金接下来论证了为何所有的三个箭头指向同一方向。这是一个很强的结论，虽然一般读者很难理解所谓的"指向同一个方向"到底是什么意思。霍金提到的心理学时间箭头不是很好理解。我们只说说宇宙学的时间箭头。宇宙显然是在膨胀的，这个膨胀给出了一个时间箭头。但是，这个宇宙学意义上的时间箭头到底应该如何理解呢？

在前面已经说过，宇宙在刚开始时候有一个"暴涨"阶段，这个阶段发生了什么？如果把暴涨之前的宇宙看成是从洗衣机里拿出来的床单，那么暴涨之后相当于把床单摊平了。所以，宇宙在暴涨以后，从一个量子的宇宙变成了一个经典的宇宙，而且这个时候的宇宙是非常平坦的，所以宇宙开始时处于一个光滑有序的状态，随时间演化成各种恒星与星系的结构，这些结构看起来是无序的——所以这似乎说明宇宙的熵也在增加，这就是所谓的宇宙学意义上的时间箭头。

以上是霍金的思路。而与霍金一起证明奇点定理的数学家彭罗斯却有另外一个数学化的说法来解释宇宙学的时间箭头。彭罗斯的数学解释叫作外尔曲率猜想，它的基本意思是说，宇宙一开始的时候是共形平坦的，所以外尔曲率等于零，而随着时间的演化，外尔曲率变大。彭罗斯猜想，外尔曲率从某种程度上代表了宇宙学的熵，他用外尔张量的自我缩并构成的标量来定义熵密度，所以外尔曲率给出了宇宙的时间箭头。彭罗斯的这个说法对一般读者来说不太好理解，因为大部分读者不熟悉外尔曲率。

接着，霍金提出了一个比较尖锐的问题，他说："如果宇宙停止膨胀并开始收缩将会发生什么呢？热力学箭头会不会倒转过来，而无序度开始随时间减少呢？……人们是否会看到杯子的碎片集合起来离开地板跳回到桌子上去？人们会不会记住明天股票的价格，并在股票市场上发财致富？"

　　霍金起初相信在宇宙坍缩时无序度会减小，也就是说时间会倒流。不过后来霍金意识到自己犯了一个错误：其实当宇宙开始收缩时时间箭头不会反向。从物理直观上来说，当宇宙停止膨胀或者收缩的时候，其实每一个粒子的世界线的长度并不会停止增长，所以对每一个粒子来说，时间是不可能倒流的。既然每一个粒子的时间不会倒流，整个宇宙的时间当然也不会倒流。

第十章

# 真的可以通过虫洞做时间旅行吗？

## 🌀 10.1　哥德尔时空

霍金在第九章写到了时间箭头，随后在第十章谈到了"虫洞与时间旅行"。所谓的时间旅行，一般意义上来说，就是指我们人类穿越到过去，或者穿越到未来。很多人可能觉得这两件事情的难度是一样的。但事实上却不是，因为人要穿越到未来是很容易做到的，只要人类可以开发出速度接近光速的飞船，然后坐上这个飞船去太空旅游一次再回到地球，可能旅游的人只过了一个星期，而地球上已经过去了 70 年。所以，近光速飞行可以实现穿越到未来。

但是，相反，要穿越到过去则要难得多，这不是依靠高速飞行就能实现的。我们肯定需要一种所谓的"时光机"，那就好像是黄易的《寻秦记》中描述的那种可以帮助项少龙从现代香港穿越到秦朝的机器，而至于这个机器的原理是什么？本质上我们可以把这种机器看成是一种能创造"闭合类时曲线"的机器。

1949 年，因提出哥德尔不完备性定理而出名的逻辑学家哥德尔（Kurt Gödel）在广义相对论中发现了一个允许存在"闭合类时曲线"存在的解，这个解满足描述一个整体旋转的宇宙，后来被称为哥德尔宇宙。在哥德尔宇宙中，物质的旋转会对时间流逝的方向产生拖曳作用，而且离开旋转中心越远，这种拖曳作用就越明显。所以，按照这个逻辑，在很远的地方，这种拖曳作用可以让类时的世界线封闭起来，形成闭合类时曲线（具体取决于哥德尔时空的度量）。在哥德尔宇宙中只要让飞船沿某些远离旋转中心的轨道运动，原则上就可以实现时间旅行。

霍金在《时间简史》中也写到：哥德尔在与爱因斯坦于普林斯顿高级学术研究所度过他们的晚年时通晓了广义相对论。他的时空具有一个古怪的性质：整个宇宙都在旋转。

我们暂时不细抠哥德尔宇宙的整体旋转的问题，只说哥德尔宇宙的另外一个特点，那就是它需要有负的宇宙学常数支撑。这种具有负的宇宙学常数的宇宙如果具有最大的对称性，那么就被称为反德西特宇宙。德西特（Willem de Sitter）是一个天文学家的名字。下面来看看爱因斯坦和荷兰的德西特教授的一些交往。

1916 年春天，从荷兰的莱顿大学寄到英国剑桥大学的信笺中有一份《广义相对论基础》单行本。这个单行本是英国皇家天文学会的通信会员德西特教授从爱因斯坦那里收到的，当时在荷兰的德西特教授就把论文寄给了剑桥的爱丁顿教授。爱丁顿一眼就看出，这篇论文具有划时代的意义，他也开始研究广义相对论，同时请德西特写了篇介绍广义相对论的文章，发表在皇家天文学会的会刊上。

爱丁顿介入以后，引起了英国科学界的广泛注意，后来大家开始商量如何做实验来验证爱因斯坦的广义相对论。所以才有了1919年5月29日在日全食期间对爱因斯坦的广义相对论的实验验证。

德西特也迅速地进入了爱因斯坦开创的相对论领域，他建立了与爱因斯坦和爱丁顿的友谊。德西特在1917年就得出了爱因斯坦的引力方程带宇宙学常数的最大对称解，这个解就是著名的德西特宇宙。德西特宇宙是一个永远暴涨的宇宙，因此也许可以描述宇宙极早期的暴涨阶段。这个解，其中包括了正的宇宙学常数项。正的宇宙学常数能产生负的压强，所以能产生与引力不一样的排斥力——正的宇宙学常数可以在一定程度上被看成是我们现在所说的"暗能量"。而反德西特宇宙则具有负的宇宙学常数，能产生正的吸引，不会产生排斥力，因此也与目前的天文观测不符。

哥德尔宇宙也具有负的宇宙学常数，因此也与目前的天文观测不符，只能算是一个理论模型，不可能在我们的宇宙中真实存在。另外，据科普作家卢昌海在相关的科普书中介绍，进一步的定量的计算还表明，即便我们真的生活在一个哥德尔宇宙中，也很难实现时间旅行，因为沿哥德尔宇宙中的闭合类时曲线运行一周所需的时间与宇宙的物质密度有关，对于我们目前天文观测到的物质密度而言，沿闭合类时曲线运行一周最少也需要几百亿年的时间。因此哥德尔宇宙对于时间旅行并无现实意义。但是，对哥德尔时空中闭合类时曲线的研究还是很有趣的，中国著名的相对论专家梁灿彬教授曾经在芝加哥大学与盖罗奇（Geroch）等人一起研究了绕哥德尔时空中闭合类时曲线走一圈所需要的最小加速度。在早年，盖罗奇是芝加哥大学相对论研究组的组长，他曾经在美国微分几何会议上给数学家们介绍过"正质量猜想"，这个猜想是广义相对论中的重要猜想，后来被数学家丘成桐与合作者证明。

总之，要想回到过去，需要存在闭合类时曲线。但闭合类时曲线只能在哥德尔宇宙这种数学宇宙中存在，所以这里面就只有数学意义，而没有了现实可能性。从这里我们可以看出，回到过去是非常困难的。这种困难性也可以从一个思想实验中看出来。这个思想实验就是所谓的"祖父悖论"。这个悖论说的是，假如一个人可以回到过去，那么他就可以杀死自己的爷爷，而当时他爷爷还只是一个儿童，没有结婚生子，所以这个人的父亲就不会出生，因此这个人本身也不能出生，那他又是怎么回到过去杀死自己的爷爷的呢？因此这是一个悖论。这个悖论说明，回到过去是不可能的。

为什么回到过去不可能发生呢？这里面到底是什么物理机制在阻挡人类回到过去呢？这就成为一个有趣的问题。1992年，霍金提出了著名的时序保护假设（Chronology Protection Conjecture），认为自然定律不会允许建造时间机器让人类回到过去。不过霍金的这个假设比较难以理解，建议有兴趣的读者去参考梁灿彬与周彬合著的《微分几何入门与广义相对论》一书，那里有相关讨论。

## 10.2　超光速旅行

在霍金的书中，其实还提到了另外一种回到过去的方法，那就是打破光速壁垒实现超光速飞行——这个在理论上也许可以回到过去，但问题的关键在于，目前看来，光速是不能超越的。相对论告诉我们，当飞船的速度越接近光速，用以对它加速的火箭功率就必须越来越大。对此已有很多实验证据来证实这一点，在美国的费米实验室或者欧洲核子中心的大型粒子对撞机中，科学家可以把粒子加速到光速的 99.999 9%，但是就算继续加大功率，也不能把它们加速到超过光速。宇宙飞船的情形当然也是类似的：不管火箭有多大功率，也不可能加速到光速以上。所以，想依靠超光速来回到过去也是不可能的。

在超光速这一路也被堵死以后，回到过去就变成了一个几乎不能实现的幻想。当然，对于时空旅行来说，要解决的现实问题不一定是回到过去，而是去到另外一个遥远的星系。如果能在人类的有限寿命中去到银河系中心，那么本质上也实现了时空旅行。银河系中心距离地球有 26 000 光年，就算以光速去银河系中心走一趟来回，也至少要 5 万年，这远远超过了人的寿命，所以目前看来，个人是无法去银河系中心做时空旅行的。再比如最近人类拍摄到的第一张黑洞照片，这个黑洞位于距离太阳系 5 500万光年的遥远星空，人类的肉身怎么可以穿越这遥远的星辰大海？

## 10.3 虫洞

要实现长距离的时空旅行，在超光速的可能性被封杀以后，还有另外一种方法，就是所谓的"虫洞"。

虫洞这个思想最初来自 1935 年爱因斯坦和纳森·罗森（Nathan Rosen）写的一篇论文。在该论文中他们指出广义相对论允许他们将其称之为"桥",而现在将其称为虫洞。爱因斯坦－罗森桥不能维持得足够久,使飞船来得及穿越空间:虫洞会缩紧,飞船将撞到奇点上去。所以这不是可穿越的虫洞。

1985年,美国康奈尔大学的天文学家与科幻小说家卡尔·萨根(Carl Edward Sagan)写了一本小说《接触》(Contact)。这部小说描述了人类通过虫洞穿越到了距地球26光年的织女星附近,然后与外星文明进行接触,最后顺利返回地球。这部小说可以看成是人类第一次提出了"可穿越虫洞"的概念——所谓"可穿越虫洞"意思就是说人类可以在有限的时间内在虫洞里面走一个来回。

在写这部小说的过程中,卡尔·萨根一开始也缺乏相关的物理知识,他错误地把虫洞写成了黑洞。但他请教了他的一位老朋友——加州理工学院的物理学家基普·索恩(Kip Stephen Thorne)教授,基普·索恩建议他把黑洞换成了虫洞来作为星际旅行的工具。

在萨根向他进行咨询的时候,索恩知道黑洞不能用于星际旅行,他想到了十几年前由他的导师约翰·惠勒提出的"虫洞"概念。但惠勒的虫洞概念也仅仅只是一个概念,没有任何物理计算细节。所以索恩与他的学生迈克·莫瑞斯(Mike Morris)一起,开始用正统的广义相对论知识对虫洞物理学展开认真研究,他们在两年后发布了研究论文。

这篇论文的标题是《时空中的虫洞及它们在星际旅行中的应用:讲授广义相对论的工具》。这篇论文发表在《美国物理杂志》上,《美国物理杂志》是一份著名的物理教学刊物,类似于中国的《大学物理》。

索恩教授与他的学生的研究结果大致可以概括为如下结论：对爱因斯坦方程的分析表明，要想产生可穿越的虫洞，引起这种时空弯曲的物质必须违反平均类光能量条件。也就是说，如果想要制造出一个人类可以往返穿越的虫洞，必须消耗巨大的负质量物质来撑住这个隧道，否则这个隧道很容易塌方。根据爱因斯坦的相对论，质量与能量是等价的，所以负质量意味着负能量——但宇宙中根本就不存在大规模的负能量，所以要想打开可穿越虫洞看起来是不可能的。

可穿越的虫洞是时空中遥远距离之间的快速通道，有点像穿过山体的铁路隧道。比如在浙江与福建交界处有很多山，以前没隧道，从浙江去福建需要十多个小时，有了铁路隧道以后，从浙江去福建就只需要 1 个多小时就可以了。虫洞的道理也是一样的，它在时空中打出了一条隧道。

从广义相对论的技术层面来说，违反平均类光能量条件（能量条件是定义在时空点上的，平均能量条件需要对世界线做积分求平均）是所有可穿越虫洞的先决条件。换句话说，如果要想穿越虫洞，相当于要求经过虫洞的类光测地线（也就是以光速运动的粒子）不能在虫洞里汇聚，而这需要用到印度的著名科学家瑞查德胡里（Raychaudhuri）发现的方程。瑞查德胡里一直留在印度，没有留学经历，而且他一开始还不是大学教授，是印度一个科学技术协会的工作人员，但他的这个方程还是比较前沿的，超越了大部分研究广义相对论的学者的水平。通过瑞查德胡里方程可以看出来，在虫洞中，光线只有在违反平均类光能量条件下才会散焦——在这种情况下，聚焦在虫洞一端的光线在离开虫洞的另一端时会散焦。但是，这个世界上不存在违反平均类光能量条件的物质。在这个意义上，虫洞就算存在，也往往会自毁，因为虫洞天生就喜欢自我崩塌。

那么，虫洞是怎么产生的呢？相对论和量子论告诉我们，原始的宇宙诞生于虚无缥缈之中。在最初的 $10^{-43}$ 秒之内，宇宙处于一片混乱的"混沌"状态，分不清上和下、左和右、先和后，或者说分不清时间和空间。宇宙就像一锅沸腾的稀粥，充满了时空泡沫。在宇宙膨胀过程中，时空泡沫逐渐演化成大量的"宇宙泡"，宇宙泡之间往往有隧道相连，而且隧道可能不止一条。也有的隧道并不通向另外的宇宙泡，而只连通本泡的两个部分，有点像泡的"手柄"。连接不同或相同宇宙泡的这些时空隧道，被科学家称为"虫洞"。

我们现今观察到的膨胀宇宙，可能只是大量宇宙泡形成的大量宇宙中的一个。我们有可能了解其他的宇宙吗？有可能到别的宇宙去旅行吗？科学告诉我们，存在这样的可能。这是因为连接各宇宙的时空隧道（虫洞），不会由于宇宙膨胀而全部断掉和消失，有可能保留到今天。因此我们有可能通过虫洞前往其他的宇宙，也有可能通过虫洞接收来自其他宇宙的消息、接待来自其他宇宙的客人。

近年来的研究表明，可穿越虫洞需要由"异常物质"来撑开，"异常物质"的平均能量密度为负，所以会产生巨大的张力（负压强）。这种负能量的异常物质在自然界十分罕见。在量子条件上唯一能够测到的负能物质出现在卡西米尔效应中。

1948 年，卡西米尔（Casimir）提出在真空中放置两片金属板，由于金属板的存在破坏了真空的拓扑结构，板间会出现吸引力，两板之间的区域将具有负能量。该效应起因于量子场的真空涨落。因为平板之间的虚光子只能具有共振的波长，所以虚光子的数目比在平板之外的区域要略少些，在平板之外的虚光子可以具有任意波长。所以人们可以预料到这两片平板遭受到把它们往里挤的力。实际上已经测量到这种力，并且和预言值相符。这样，我们得到了虚粒子存在并具有实在效应的实验证据。

在平板之间存在更少虚光子的事实意味着它们的能量密度比它处更小。但是在远离平板的"空的"空间的总能量密度必须为零，因为否则的话，能量密度会把空间卷曲起来，而不能保持几乎平坦。这样，如果平板间的能量密度比远处的能量密度更小，它就必须为负。因此，板间涨落场的能量密度会低于板外的密度，而且是负的。因而两板受到真空涨落场向内的压力，表现为两板之间的吸引力。我们通常把真空能量定义为能量的零点，两金属板外的真空能量恰为零，而板间的真空能量低于零点，表现为负能量。卡西米尔效应早已在实验室观测到，当两板相距 1m 时，板间的负能密度仅为 $10^{-44}\mathrm{kg/m^3}$，即在 10 亿亿 $\mathrm{m^3}$ 空间中有相当于一个基本粒子质量的负能量。

要在时空中撑开一个半径 1cm 的虫洞，需要相当于地球质量的异常物质；撑开一个半径 1km 的虫洞，需要一个太阳质量的异常物质；撑开一个半径 1 光年的虫洞，则需要大于银河系发光物质总质量 100 倍的异常物质。由此看来，寻求异常物质，制造可作为星际航行通道的虫洞，希望实在渺茫。

另外，通过虫洞的宇航员和飞船，会受到异常物质产生的巨大张力，这种张力有可能大到足以把原子扯碎的程度。研究表明，张力与虫洞半径的平方成反比。当虫洞半径小于 1 光年时，"异常物质"产生的张力比原子不被破坏的最大张力还大，这样的虫洞肯定不能作为星际航行的通道。所以，作为星际航行通道的虫洞，其半径至少要大于 1 光年，前面已经谈过，这将需要相当于银河系发光物质质量 100 倍的异常物质。因此，现在看来，要制造可穿越虫洞，很大程度上决定于物理学是否容许异常物质的存在，这对目前的人类文明来说，还是遥不可及的梦。

最近几十年来，基普·索恩把兴趣点从虫洞研究转移到了引力波探测，并且在 2017 年因为 LIGO 首先发现双黑洞碰撞并合发出引力波得到了诺贝尔物理学奖。但虫洞的研究并没有停止。而且，虫洞研究的基本思想在近 10 年已经发生了很大的改变。

新虫洞研究的思想来源可以概括为一个物理公式，那就是由普林斯顿高等研究院的马德西纳（Maldacena）在 2013 年提出的"ER＝EPR"。这一公式第一次把虫洞与量子纠缠联系在了一起。ER 的全称为 Einstein－Rosen（爱因斯坦－罗森）桥，这在本文一开始已经提到过。这是爱因斯坦和纳森·罗森在研究广义相对论方程时提出的一种不可穿越的虫洞。而 EPR 则是 Einstein－Podolsky－Rosen（爱因斯坦－波多尔斯基－罗森）这三个科学家的姓名的首字母的连写。EPR 在物理中描述的是一对相互之间存在量子纠缠的粒子。

本来这两个概念风马牛不相及，因为爱因斯坦－罗森桥是描述大尺度宏观现象的广义相对论的产物，而 EPR 对则是对微观世界量子纠缠行为的描述，而且量子纠缠在大尺度上很容易因为退相干而消失。但是，到了 2013 年，曾因提出 ADS/CFT 对偶理论而声名大噪的马德西纳又抛出了一个重磅炸弹"ER＝EPR"。如果把黑洞视为量子系统而不是经典物体，那么可以把这两个黑洞视为相互纠缠的量子客体。经过对这种纠缠态的仔细研究，可以发现这种纠缠态对应的时空可以看成是一个虫洞链接了两个黑洞，这就是"ER＝EPR"。

值得注意的是，ER 与 EPR 这两篇论文是由同一位"爱因斯坦"和"罗森"完成的。这两篇文章都是在 1935 年发表的，时间只相差了 2 个月。而在 80 年后，马德西纳发现这两篇文章本质上说的是同一个事情。马德西纳推测，任何一对纠缠量子系统都是由爱因斯坦－罗森桥（不可穿越虫洞）连接的。

在马德西纳研究的基础上，来自哈佛大学的丹尼尔·贾弗里斯（Daniel Jafferis）与高苹等人开始了新虫洞研究。高苹是一个年轻的中国人，他从清华大学物理系毕业后，在哈佛大学物理系攻读博士学位。贾弗里斯与高苹等人提出的虫洞方案与基普·索恩的不同，前者的新虫洞不适合长距离的星际旅行，因为他们所刻画的虫洞连接的是两个距离很近的黑洞，但虫洞本身的长度却非常长。因此，"穿过这些虫洞比直接旅行更慢"，贾弗里斯与高苹对长距离的星际旅行持悲观态度。

第十一章

# 物理学真能统一吗？

## 🌀 11.1 超弦理论

霍金在《时间简史》的第十一章主要介绍了物理学的统一理论，在这一部分他首先解释了为什么要追求引力与量子理论的统一，随后他介绍了其中一种量子引力理论，那就是弦论。

弦论的发展历史已经有不少科普书籍进行过介绍，比如李淼教授的《超弦史话》就兼具历史与科学价值，值得参考。也可以参考格林写的科普书《宇宙的琴弦》。这本书的作者是布莱恩·格林（Brian Greene），他本科毕业于哈佛大学，后来在牛津大学获博士学位。1990 年开始，他在康奈尔大学物理系任教，1996年他跳槽到哥伦比亚大学任物理学和数学教授。他还曾出演过美剧《生活大爆炸》。这本书于 1999 年在美国出版，2007 年，由李泳先生翻译后在中国湖南科技出版社出版。

其实，霍金的《时间简史》写到这里，基本上已经与《宇宙的琴弦》衔接上了。《宇宙的琴弦》主要介绍了 20 世纪 80 年代开启的理论物理思想革命——超弦理论。此书的作者 B. 格林是比较早用代数几何做超弦研究的科学家，他在卡拉比—丘成桐空间上做了一些研究工作。

先解释一下超弦理论到底是什么意思。这里的"超"字说的就是"超对称性"。超对称性刻画的是费米子与玻色子之间的对称性，简单地说，费米子好像是幼儿园里的孩子，而玻色子好像是幼儿园里的皮球。皮球在孩子们脚下传来传去，孩子们相互之间就有了联系。而超对称性认为：孩子与皮球其实是一样的，没什么区别。解释了超弦中的"超"字，再来看看"弦"又是什么？弦是粒子的推广。一个粒子是一个点，是 0 维的；而一根弦是一条线，是 1 维的。一个粒子在时空中的轨迹叫作世界线，而一根弦在时空中的轨迹是世界面。

弦论一开始其实可以追溯到广义相对论刚开始被爱丁顿的日全食实验所检验的那一年。那是在 1919 年，有一个叫卡鲁扎（Theodor Kaluza）的物理学家提出额外维的思想，他发现在五维的时空中，可能可以提供一个统一电磁力（麦克斯韦理论）和引力（广义相对论）的思想框架。7 年之后，到了 1926 年，物理学家克莱因（Oskar Klein）在卡鲁扎的基础上提出时空既有伸展的维度，也有卷曲的维度。这个卷曲的额外维可以非常小，但从数学上可以统一电磁力与引力，当然也会多出一些当时还无法理解的标量场，这个标量场到底是什么？在当时是不知道的，而现在则也许可以得到解释，比如暗能量场也许就是一种标量场。

卡鲁扎与克莱因的理论提出来以后，一度被忽视，因为这之后发生了量子力学的大革命，物理学家的精力几乎都放在了量子理论的发展上，而且随后发现了弱相互作用与强相互作用。这时候，仅仅统一电磁力与引力已经没有什么价值，所以大家几乎把这个卡鲁扎－克莱因理论给忘却了。

一直到 1968 年，有一个叫维尼齐亚诺（Cabriele Veneziano）的物理学家在研究强相互作用的时候，意外发现数学上的欧拉贝塔函数可以描述这种相互作用，而这给了弦论一定的启示。维尼齐亚诺当时任职于大名鼎鼎的欧洲核子研究中心（CERN），那里有全世界最大的粒子加速器 LHC。这里面出过很多牛人，包括互联网之父蒂姆·伯纳斯·李（Tim Berners-Lee），以及量子信息论中提出贝尔不等式的贝尔（John Stewart Bell）。

到了 1970 年，尼尔森（Holger Nielsen）与萨斯坎德（Leonard Susskind）证明，如果用极小的一维的弦模拟基本粒子，那么强相互作用确实可以用欧拉贝塔函数描述，在这期间来自日本的物理学家南部阳一郎给出了弦论的作用量，这些构成了早期的弦论。也叫作玻色子弦理论，但这个理论的缺点是仅仅包含玻色子，而且还会出现质量的平方是负数的快子（会超光速），但当时还没有加入超对称，所以整个理论需要的时空维度是26 维。

到了 20 世纪 70 年代初，法国的物理学家皮艾尔·雷芒（Pierre Ramond）希望在弦论中包含费米子，所以他开始修正玻色子弦理论。他和施瓦茨等人的新的理论包括了费米子振动模式。还有物理学家则研究另外一件事情，那就是怎么在玻色弦理论中去掉"快子"这种超光速的粒子。这些人的新理论中，玻色子和费米子可以成对出现，整个理论具有超对称性，这个时候的时空维度降低为 10 维，快子也消除了。

在弦论发展的过程中，1973 年，物理学的统一在另外一个侧面取得了阶段性的胜利，那就是戴维·格罗斯（David Gross）和弗兰克·维尔泽克（Frank Wilczek）等人发现了强相互作用的渐近自由理论。1974 年，施瓦茨（Melvin Schwartz）与谢尔克（J. Scherk）发现，超弦理论中总存在无质量自旋为 2 的粒子，这被解释为引力子。这说明弦论也许可以作为引力的量子理论——这是一个伟大的进步，弦论居然与引力挂钩了。

到了 1984 年，得克萨斯大学的坎德拉斯（Philip Candelas）、加利福尼亚大学的霍洛维兹（Gary Horowitz）和斯特罗明格（Andrew Strominger）以及威滕（Edward Witten）证明，超弦理论中的额外维空间其实就是卡拉比—丘成桐空间。这些人中，斯特罗明格是记者出身，他年轻的时候来过中国，而且后来在香港做记者。威腾则是本科读历史出身，后来得了数学界的最高奖——菲尔兹奖。


卡拉比—丘成桐空间肉眼不可见，也不是我们的实验仪器可以探测到的。理论上来说，它的尺寸是普朗克长度——大概 $1.6 \times 10^{-35}$ 米，这个尺寸比质子还要小 20 个数量级，是不可观测的。所以，卡拉比—丘成桐空间只可能存在于我们的心里。

这个时候，超弦理论的全部框架就被建立起来了。

那么弦论到底是数学还是物理呢？我们知道，一个数学物理理论，如果不能被物理实验检验，那么这样的理论只能是数学，而不能称之为物理。弦论作为 20 世纪 80 年代以后崛起的理论物理思潮，其主要目的是统一广义相对论与量子力学，从而解释为什么我们的宇宙会起源于大爆炸，也解释各个基本粒子（比如电子）的质量的大小是怎么产生的，它还试图给出霍金的黑洞熵公式的微观起源。但是，到目前为止，弦论中使用的其中一个重要前提假设还没有被实验所证实，这个重要假设就是超对称性。

## 11.2　卡拉比—丘成桐空间

2016 年，一本名叫《从万里长城到巨型对撞机》的新书静静地出版了，其作者的名字却是如雷贯耳——丘成桐以及他的合作者。

图 11−1　丘成桐著《从万里长城到巨型对撞机》

本书作者张轩中曾经有幸在 2016 年 4 月的一天与丘成桐先生在清华大学对巨型对撞机有过一次访谈。关于此书，丘成桐的主要意思是，以中国目前的国力，可以在万里长城的起点秦皇岛的山海关地区建造一个全球最大的、周长 100 千米的对撞机，来实现一个"科学的联合国"，吸引全球的粒子物理学家来中国工作，相当于在中国办了一个哈佛与普林斯顿……所以，投资搞巨型对撞机，表面上看是验证弦论在物理上的正确性，其实能给国家的科技带来新的突破，这是一个非常好的契机。

目前看来，物理学的统一已经与建造巨型对撞机紧密相关了。

前面已经说过，超对称性具有非常优雅的数学形式，也征服了很多数学物理学家。超对称的物理，在数学上对应的其实就是卡拉比—丘成桐空间。这个优美的数学结构其实也犹如宇宙的琴弦发出的美妙旋律，让人感觉到宇宙的和谐。

卡拉比—丘成桐空间描述的是弦论所要求的六维的额外维空间（我们现实生活的宇宙看起来是一个巨大的四维时空，在四维时空的每一点上都有一个六维的卡拉比—丘成桐空间，就好像我们的脑袋的表面是二维的，在脑袋上每一点都长了一根一维的头发那样）。这个微小的卡拉比—丘成桐空间具有超对称的物理结构（虽然在实验上还没有被看到，就好像18世纪的人看不到原子那样）。

那么，应该如何验证卡拉比—丘成桐空间在物理上是真实存在的呢？假如超对称性不能被物理实验检验，那么弦论就不是一个合格的物理理论，只能称它为一个优雅的数学理论。有一些物理学家寄希望于用巨型质子对撞机检验超对称性。

2016年8月1日，本书作者之一张轩中在清华大学参加"弦论2016"国际学术年会，并且对当时参加这个会议的弦论专家丘成桐、威腾、格罗斯、马德西纳、王贻芳、戴自海、瓦法等科学家进行了集体访谈。当时的访谈活动由著名数学家丘成桐先生主持。在"弦论2016"这个弦论大牛云集的弦论会议上，可以看到在中国建设巨型的对撞机验证弦论在物理上的正确性已经成为会议的主题之一，弦论专家们渴望用实验来验证超对称性的存在，从而证明弦论是一个物理理论而不仅仅是一个数学理论。因此，超弦理论到底是数学猜想，还是真正的物理？回答这个问题需要巨型质子对撞机来验证。而建造巨型质子对撞机需要上千亿人民币的投入。

不过，到了 2019 年，情况有了很大的改变，因为受到了一些舆论反对，中国的高能物理学家已经不寻求建造质子对撞机，而寻找建造价格比较便宜的大型电子对撞机。

虽然建造巨型对撞机需要消耗不少人民币，但它对工业界企业是有带动作用的。比如哥伦比亚大学高能物理学博士赵天池就曾经告诉本书作者张轩中，在巨型对撞机中需要用到很多技术含量很高的专用芯片，这些专用芯片用于对撞机中与上百万路的探测器模拟信号输出的放大、数字化信号收集和处理存储以及数据分析。比如像欧洲核子中心的大型强子对撞机的探测器 CMS 实验组就开发了 APV25 芯片，这是一个著名的信号放大数字化芯片，与智能手机里用到的芯片是差不多的。

中国目前还没有像欧洲核子中心那样的巨型对撞机，但在北京正负电子对撞机等高能物理实验中，中国科学院的高能物理研究所、中国科学技术大学以及清华大学工程物理系自己设计了一些简单的芯片，由代工厂制造，用于高能物理实验，但目前这些芯片大约相当于西方十几年前的水平。据了解，目前中国正在进行的高能物理实验——江门中微子实验也自己开发了一些芯片，用于中微子探测的信号采集与处理等。因此，总的说来，包括大型对撞机在内的高能物理实验对高精尖的芯片具有天然的需求。参加这些科学项目的科学家也天然地具有开发芯片的能力与动机。一旦大型对撞机项目在中国启动，必然会培养出一批擅长于开发芯片的科学家。而这对最近的中美贸易争端中出现的"芯片卡脖子"的现象也许有一定的缓解作用。

巨型电子对撞机可以促进高科技在中国的发展。建造巨型电子对撞机虽然投资巨大，但这种向前沿科学领域的投入往往是不会白费的，最后一定会转化为现实的生产力，也会带动我们国家高科技产业的发展。除了芯片，巨型对撞机所需要用到的超导磁铁就可以带动一大片产业：超导磁铁可以用于核磁共振仪器的开发，可以用于低损耗输电，可以用于高精度信号滤波器，甚至可以用于开发脑电波仪器，等等。

# 第十二章

# 霍金的 《时间简史》 的结论是什么？

霍金在最后一章进行了一个总结。他首先回到了本书一开头的那个问题：我们的宇宙和我们从何而来？为何它是这个样子的？霍金提到，无论是无限的乌龟塔还是超弦理论，都缺乏实验的根据。虽然超弦理论比乌龟塔更数学化、看起来更精确，但从来没人看到过一个背负地球的大龟，也没有人看到过超弦，所以这两者有一定的相似性。霍金也指出，龟理论作为一个好的科学理论是不够格的，因为它预言了人会从世界的边缘掉下去，除非它能为据说在百慕大三角消失的人提供解释。而现在，我们还没有发现超对称的迹象，所以还不能判断超弦理论到底对不对。

接下来，霍金大致谈了他心目中的科学到底是什么样子的。他认为，拉普拉斯的决定论在两个方面是不完整的。首先是这个决定论没有讲到定律应该如何选择，也没有指定宇宙的初始结构。随后，霍金指出了量子力学的世界观对科学的影响。在量子力学中，粒子没有很好定义的位置和速度，而是由一个波来代表。所以这导致了现代科学的一个显著特点，那就是不可预见性。霍金还谈到四种相互作用中，他之所以详细介绍了引力的定律，这是因为引力是宇宙的大尺度结构成形的基本力量，虽然它是四类力中最弱的一种。

霍金也提到了大爆炸奇点，在那里所有定律都会失效，所以上帝仍然有完全的自由去选择发生了什么以及宇宙是如何开始的。霍金当时提到上帝，很可能与他的妻子简有关，因为简是一个基督徒。

不过，在若干年后，霍金出版了他的新书《大设计》，那时他已经离婚了，在新书中，霍金认为物理学已经不需要上帝了。

# 关于霍金

霍金于 1942 年 1 月 8 日出生在英国牛津，那天恰好是伽利略逝世 300 周年的日子。他经常跟别人谈到这一点，言外之意似乎是在说你们看我像不像伽利略转世。但他又说，其实那一天出生的孩子有 20 万。

霍金的家并不在牛津。当时正是第二次世界大战最激烈的时候，英德双方相互进行大规模轰炸。但两国达成了一项默契：德国不炸英国民族文化的中心牛津和剑桥，英国也不炸德国民族文化的中心哥廷根和海德堡。于是霍金的母亲就到牛津去生孩子。

霍金的父母都是牛津大学的毕业生。父亲学生物医学，由于出身比较贫寒，生活很节俭，但在帮助别人方面却很慷慨。霍金的母亲出身医生家庭，学习文科（哲学、政治、经济），毕业后主要搞文秘工作。她很同情穷人，年轻时曾是英国共青团的团员，后来转向比较温和的工党。她经常领着幼小的霍金参加群众集会和游行。母亲对他的影响很大，所以霍金后来一直比较关心政治。

由于家庭经济不宽裕，霍金小时候没能进入要收费的优秀学校，而上了一所中上等的普通学校。当时英国正在搞教改。学校把同年级学生分成 A、B、C 三个班。成绩最好的在 A 班，中等的在 B 班，差一些的在 C 班。每学年三个班的学生要调整一次。A 班中 20 名以下的要降到 B 班，B 班成绩好的前若干名可升到 A 班，B 班和 C 班也要做相应调整。霍金分在 A 班，第一学期考了第 24 名，第二学期考了第 23 名，眼看就要降等，幸亏第三学期考了第 18 名，终于逃脱了降等的命运。霍金后来回忆这段学习生活，认为这种办法很不好，只对优等生有利，对于成绩中、下等的学生不利，特别是对于降等的学生，打击更大。

霍金的学习成绩在班上从未列入前一半。老师认为他作业不整洁，字也写得不好，无可救药。但同学们似乎觉得他前途无量，给他起了个绰号叫"爱因斯坦"。没有想到，这一绰号后来真的叫"发"了。他真的成了爱因斯坦的优秀追随者之一。同学们之所以看好他，可能与他的知识面较宽有关系。他喜欢在课间和同学们议论宇宙是怎么起源的、是否要上帝帮忙？天文学上的宇宙学红移是否是因为光子跑得太远而变累了？看来较宽的知识面和经常性的探讨，对霍金的成长起了一定作用。

一开始，霍金并不喜欢物理课，认为这个课程简单而枯燥，远不如化学有意思。因为化学课上有时会发生一些意想不到的事情，例如着火、爆炸之类的，他觉得十分有趣。到了中学最后两年，他受到一位老师的影响，开始喜欢数学、物理。父亲反对他学数学物理，希望他学生物或医学。但霍金对生物和医学都没有兴趣。他觉得物理是一切学科的基础，物理学和天文学有可能解决人类从哪里来、为什么会存在等高深问题。所以他决定学物理。

1959年，他投考了父母的母校牛津大学。考完后有点沮丧，觉得考得不理想，但还是考上了。当时的牛津大学也在搞教改，本科3年中，只在入学时和毕业时各考一次，其他时间就没有考试了。由于学校抓得松，霍金本人又爱玩，学习抓得不紧。他后来回忆，平均每天的学习时间只有1小时。同学们都很懒散，学习上无所追求。

有一次上《电磁学》，讲第10章，老师说你们回去把这一章后面的13道题都做了，下周上课再讲。霍金的三位同班同学努力了一星期，只做成了一道或一道半。霍金一直在玩，没有去做。等到交作业的前一天，他才想起自己还没有动手做作业。于是拒绝了别人邀他去玩的邀请，开始做题。其他几个同学想：都什么时候了你才想起来做作业，准备看他的笑话。中午三个人回来时，正好碰上去吃午饭的霍金。同学们问他："作业做得怎么样了？"霍金说："题很难，我只来得及做完前面的10道题。"

1962年毕业之际，霍金想继续读博士。由于整个大学本科期间没有任何考试，毕业时要在四天内把所学的课程全考一遍。考试之前，霍金因为紧张而失眠，他觉得考得不好。他们四个同学中只有一个人觉得考得不错，霍金和另外二人都觉得考得不理想。成绩发布时，除去那位觉得考得不错的同学成绩不理想之外，霍金他们三个人倒是都通过了。霍金笔试成绩在一、二等之间。口试的时候，老师问他是希望留在牛津，还是去剑桥。霍金说，如果你们给我的成绩是一等，我就去剑桥，如果给我二等，我就留在牛津。结果他们给了他一等，于是他去了剑桥。

他之所以想去剑桥读博士，是因为著名的天体物理学家、稳恒态宇宙模型的创始人霍伊尔等人在剑桥，他想追随霍伊尔学习宇宙学理论。当时的物理学有两个热门领域，一个是探讨小尺度世界的基本粒子研究；另一个是探讨大尺度世界的宇宙学研究。霍金觉得，时下的粒子物理研究主要在搞粒子分类，有点像植物学分类，自己兴趣不大。而宇宙学领域有爱因斯坦的广义相对论做基础，这是一个神奇的领域，有可能弄清楚我们人类从哪里来，我们生存的意义是什么等基本问题。所以他为自己选择了宇宙学研究方向。霍伊尔是宇宙学研究权威，他创立了稳恒态宇宙理论，并讽刺伽莫夫的宇宙膨胀模型（火球模型）为大爆炸宇宙学。霍金对霍伊尔的理论充满了兴趣，想追随他学习。

到了剑桥大学后才遗憾地发现霍伊尔不要他，于是他只好投到了另一位相对论专家斯亚玛的门下。可是，斯亚玛是谁，霍金从来没有听说过。后来霍金才发现，对他来说，这是最佳的选择。霍伊尔经常出国，斯亚玛则总是在办公室，很容易找到他讨论问题。斯亚玛的特点是不主动管学生，你不找我，我也不找你。你的博士题目自己去选，你问我要题目，我没有。但是你要找我讨论，我欢迎。我可以告诉你，这个问题可以去参看哪本书，可以去找哪个人讨论。霍金觉得虽然经常和斯亚玛发生争论，但讨论往往具有启发性。笔者最初对斯亚玛这种指导学生的方式很不理解，觉得斯亚玛对学生有点不负责任。后来才知道，和霍金年龄相仿的八九个最优秀的相对论专家，有一半出自斯亚玛的门下。看来，斯亚玛指导博士生的方法是很成功的，值得我们借鉴。

开始时，霍金没有科研题目。由于大学本科阶段不够努力，而且养成了懒散的习惯，刚读研究生的时候霍金感到压力很大，觉得自己数学物理基础不够，也找不到科研题目。

突如其来的疾病，成了霍金一生的转折。1962年的下半年，霍金发现自己系鞋带时手不灵活了，说话好像也不大利索了。而且有一次他下楼梯时，居然一下从上面摔了下去。大家把失去知觉的霍金抬到床上，半天他才醒过来，看了大家半天，好像什么都想不起来了，问了一个问题："我是谁?"同学们忙回答说："你是霍金。"又过了一段时间他想起了刚上大学的情景，再过一段时间，又想起一年前的事情，又过了一段时间才想起最近发生的事情，想起自己从楼梯上摔了下去。

医生很快诊断出他患的是"进行性肌肉萎缩"（渐冻症）。这是一种不治之症，人会逐渐全身瘫痪。医生预言他活不了几年。一开始，他十分沮丧，买了很多啤酒，一个人在宿舍里喝闷酒。自己还没有真正开始生活就不行了，太令人难过了。幸运的是，他的女朋友（牛津大学哲学系的学生）表示愿意继续跟他好，对他说，即使你生病我也要嫁给你。这使霍金重新获得了生活的勇气和信心。他想，自己身体不好了，但结婚后还要养家，他将来需要工作，需要博士学位，自己必须努力。这一努力就让他发现自己很喜欢科学研究，也很适合搞科学研究。霍金从此由懒散变为勤奋。

他仍对霍伊尔的研究方向有兴趣，就经常到他的研究生纳里卡的办公室去。纳里卡是印度人，正在帮助霍伊尔教授算一个稳恒态模型的改进工作。霍金问他在干什么，说我帮你算好吗？纳里卡很高兴，就让霍金看自己的研究内容。霍金钻研之后发现，霍伊尔的新理论中有一个"系数"有问题，霍金可以证明这个系数是无穷大。大家知道，任何系数都只能是有限值，不能为零，也不能是无穷大。如果是零，乘什么东西都是零；如果是无穷大，乘什么东西都是无穷大。这样的系数没有任何用处，这样的理论肯定错误。

纳里卡没有把霍金发现的问题告诉老师霍伊尔。不久之后（1963 年的一天），霍伊尔在伦敦的一次学术研讨会上报告自己的这一新工作，霍金和他的研究生同学都去听。霍伊尔的报告结束之后，问："诸位，有什么问题?"坐在后排的霍金挂着拐杖站起来，说："我有一个问题。""什么问题?""你报告中的那个系数是无穷大。""不是无穷大。"霍伊尔回答。"就是无穷大，"霍金坚持说，"我算过，做过证明。"会场上有人笑起来。霍伊尔十分尴尬。事后，霍伊尔对霍金十分恼怒，跟别人讲："霍金这个人不道德，他知道我的理论有错，为什么不事先告诉我，在会上让我难堪!"霍金的朋友则回应："真正不道德的是霍伊尔教授本人。自己的工作不好好检查就拿出来讲，太不负责任了。"让霍伊尔更烦恼的是，一年后（1964 年）天文学家发现了宇宙中的微波背景辐射。这一发现有力地支持了被霍伊尔讽刺为"大爆炸模型"的膨胀宇宙模型。从此以后，大爆炸模型成了宇宙学的主流理论，稳恒态模型渐渐被淡忘了。

这件事让霍金的老师斯亚玛对自己的这个学生刮目相看：居然能挑出著名教授工作中的错误。后来，斯亚玛又介绍霍金认识了数学家彭罗斯。彭罗斯原本不研究广义相对论，后来被斯亚玛拉进了这个研究圈子。霍金认识彭罗斯的时候，彭罗斯刚刚提出奇点定理的设想，并在黑洞塌缩模型的框架内证明了这一定理

（1964年）。这个定理是说，在因果性成立、广义相对论正确等前提下，黑洞塌缩中一定出现奇点。彭罗斯首次把奇点理解为时间的开始或结束。因此，奇点定理是说，在合理的物理条件下，时间一定有开始和结束。大家想一想，这个问题有多么神奇。时间有没有开始和结束的问题，自古以来都有聪明人探讨，但那都是些哲学家和神学家。现在物理学家出来说可以用数学物理理论来证明这个问题，霍金立刻对这一课题产生了兴趣。他在熟悉了彭罗斯所用的整体微分几何之后，用这一工具在膨胀宇宙理论中探讨了奇点问题，把奇点定理推广到了宇宙演化的情况。他证明了膨胀宇宙一定从奇点开始，那里是时间开始的地方。霍金还指出，星体塌缩成黑洞的过程，进入黑洞的物质凝聚成奇点的过程，类似于大爆炸宇宙学中时间开始过程的"反过程"。

霍金的工作达到了博士水平。1965年，他获得了博士学位。他的博士论文有两个方面的内容，一方面是论证霍伊尔理论有错，另一方面就是把彭罗斯的奇点定理推广到宇宙学的情况。霍金从此进入了广义相对论、黑洞理论和宇宙学研究的领域。后来，霍金经常和彭罗斯进行学术讨论，并在自己的研究中广泛使用彭罗斯介绍给他的整体微分几何。可以说，彭罗斯是霍金的半师半友。

不过，霍金1965年对奇点定理的证明是有不足之处的。后来他又给出了比较完善的证明。1969年，彭罗斯和霍金完成了对奇点定理的严格证明。按照这一定理，一个因果性良好、广义相对论正确而且物质密度非负的时空中，一定至少存在一个过程，它的时间有开始，或者有结束，或者既有开始又有结束。

霍金从此时开始进入了自己科研的黄金时期。不过，他的渐冻症病情也越来越重了。1970 年的一天，当他正准备脱衣睡觉时，忽然想出了一个值得证明的命题。第二天一起床，他就开始证明。这个定理就是著名的"面积定理"。此定理说：随着时间向前发展，黑洞的表面积只能增加不能减少。这个定理的一个推论是，两个黑洞可以合并成一个黑洞，但一个黑洞不能分裂成两个较小的黑洞。这是因为如果两个小黑洞质量之和与一个大黑洞的质量相等，则它们的面积之和会小于大黑洞的面积。

对于面积定理，霍金并没有给出过多的解读。这时，一位比霍金年轻的美国研究生贝肯斯坦对面积定理产生了兴趣。他想物理学中还有什么东西是只能增加不能减少的呢？他想到了熵，熵是混乱度的量度。物理学中有一个热力学第二定律，这个定律说"一个孤立系统或绝热系统中的熵只能增加不能减少"，他猜测黑洞表面积可能反映的是黑洞的熵，在老师惠勒的支持下，他发表了自己的论文（1972 年）。

霍金一开始反对贝肯斯坦的观点，认为面积定理是用广义相对论和微分几何证明的，其中根本没有用到热力学和统计物理的知识，黑洞的表面积怎么可能是熵呢？况且，在热力学中，熵和温度是一对不可分割的物理量，黑洞如果有熵，就一定会有温度。有温度就一定会有热辐射。如果有热辐射，辐射粒子不就从黑洞中跑出来了吗？可是黑洞是一个只进不出的天体，怎么会有热辐射呢？霍金认为贝肯斯坦完全曲解了自己的面积定理。黑洞没有温度也没有熵。霍金还和其他两位物理学家合写了一篇反驳贝肯斯坦观点的文章。

可是，后来霍金又想，万一贝肯斯坦是对的呢？他又重新思考这个问题，终于认识到黑洞的确有温度，黑洞的表面积确实是熵。他用弯曲时空量子场论证明了黑洞存在热辐射（1974 年），这一辐射后来被称为霍金辐射。

这是一个非常重大的发现。霍金证明黑洞存在热辐射后，他的导师斯亚玛非常高兴，说霍金"毫无疑问是 20 世纪最伟大的物理学家之一"。他还说："我对物理学和天文学做出了两大贡献，一个是把彭罗斯拉进了广义相对论的研究，另一个是培养了霍金这个学生。"

# 广义相对论之前的引力研究简史

1. 叛逆者哥白尼：在我死后，哪管它洪水滔天。

近代科学的诞生有一个标志性的事件。这个事件就是哥白尼提出日心说。所谓"日心说"，其实从字面意思上可以理解为"太阳是宇宙的中心"。这个思想在当时是很有进步意义的，因为在哥白尼生活的时代，也就是 1473 年到 1543 年，在欧洲属于中世纪，"日心说"是一个叛逆的思想。

为什么这么说呢？因为当时的欧洲由一些神权至上的国家组成，这些国家中天主教具有统治地位。在天主教的正统教义中，古希腊哲学家托勒密的地心说是教会所采纳的正统思想，这就好像在明朝，孔子与孟子的儒家思想是国家统治的正统思想一样，谁也不敢正面反对儒学。黄仁宇的《万历十五年》中写到的最后一个人，是在明朝叛逆儒学传统的人，名叫李贽。哥白尼相当于是欧洲的"李贽"，他要反叛的是整个天主教的基本教义"地心说"。地心说这一学说受到教会的保护和宣扬，成为欧洲占绝对统治地位的自然哲学思想，天主教认为人是上帝创造的，地球是宇宙的中心，太阳围绕地球旋转。

哥白尼当时写了一本书，书名叫《天体运行论》，出版于1543年，出版的时候，他已经快死了。因为这本书在当时是一本很反动的书，著书者选择在临死之前出版它，是一种对自己负责的态度。这本书主要说了一个事情，就是地球是绕着太阳公转的。

哥白尼为什么能写出这样的书来？这还得从年轻时代的哥白尼的人生经历说起。没有经历就不会有阅历。哥白尼是一个有着波澜壮阔的人生经历的人，他在波兰的克拉科夫大学度过了自己的大学生涯，这所大学是当时欧洲有名的学术中心。然后，他又到意大利留学、考察了10年——这就好像在中国有很多人在国内读了大学以后，去美国留学，能见到比较大的世面。

在意大利的10年，促进了哥白尼的成长。那时候意大利的大学就好像现在美国的大学，差不多是世界上最牛的大学，因为当时的意大利是文艺复兴运动的前沿阵地。所谓的文艺复兴运动，一开始其实就是一帮画家与雕塑家开始觉醒，后来则是一些科学家的觉醒，他们反对神权机构在社会上处于领导地位。这些反对者认为"人可以直接与上帝沟通，不需要经过神父与教会这些中介机构"。这个情况翻译为我们现在的大白话就是"不需要中间商赚差价"。

哥白尼在意大利受到文艺复兴运动的影响，他目睹了当时社会上的革新派与保守派的斗争。从意大利回到波兰以后，哥白尼的内心思想已经发生了悄然的变化。但为了谋生，他还是想成为既得利益阶层，于是哥白尼依然找了一份当时属于上流社会的工作——做了一个神父。

我们知道，神父其实就是老百姓与上帝之间的中介，哥白尼当然也是利用这个中介的地位赚钱，他一边利用优越的社会地位和经济、文化条件赚钱，一边对天文学进行了几十年的深入研究。研究的结果足以让教会大吃一惊，哥白尼发现地心说不仅繁杂混乱，而且与观测事实之间存在许多深刻矛盾，但如果把太阳看作宇宙的中心，那么一切便都简单清晰了。

于是他内心深处就比较笃定地心说是错的，应该用日心说来取代。既然如此，他就有了一个念头：在我死后，哪管它洪水滔天。于是，他在病逝的前夕，战战兢兢地出版了自己的划时代杰作《天体运行论》。这个思想看起来实在太叛逆了，为了欺骗教会保持中庸和谐的表面，他在这本书的前言中说：书中表达的全部思想纯属猜测，只是一种数学练习，而不是对真实世界的描写。在全书的最前面，哥白尼还表示，他把此书"献给最神圣的教皇——保罗三世教皇陛下"。

这本书出版以后，哥白尼就死了，虽然教会后来"醒悟"过来斥之为反上帝的邪说，不过他的这一思想就此得到传播。这本宣传日心说的书是一本"革命"的书。它把颠倒了的世界观重新修正过来。托勒密的地心说认为地球是宇宙的中心，地球在宇宙中有优势地位，但哥白尼的日心说则认为太阳是宇宙的中心，地球在宇宙中并不特殊，所有的行星都围绕太阳转动，恒星则镶在最外天层上。

哥白尼的后继者、意大利人布鲁诺进一步认为宇宙没有中心，恒星都是遥远的太阳。布鲁诺的思想已非常接近现代的宇宙观。教会后来发现情况有点失控，哥白尼的思想已经危及自己的统治，于是加强了对这个学说的迫害。他们疯狂地攻击日心说，声称"谁胆敢把哥白尼的权威置于圣灵之上就灭了谁"。他们对敢于讽刺教会的布鲁诺处以火刑，把哥白尼的《天体运行论》列为禁书。

2. 开普勒从天文大数据中发现秘密。

回头来看哥白尼的工作，人类第一个较明智的科学看法，不是虚头巴脑地研究宇宙如何起源演化，而在于研究太阳和地球的关系。这是很务实的科学态度。

不过话说回来，托勒密认为太阳绕地球转动，现在看来也算是没有错误。因为机械运动是相对的。谁动谁不动，其实是"相对的"，比如我们在火车上的时候，经常可以看到路边的树在走，而以为火车是静止的，这个看法其实也是可以的。在物理学上，这是因为参考系是可以变换的，这是相对论的基础知识，也是最重要的知识。所以说，按照参考系变换的看法，描述地日运动，托勒密的思想是没有问题的，虽然它可能导致一系列不优美的结论，比如导致木星也绕地球公转，那么我们这个太阳系看上去还真是乱糟糟的，一点也不优美了。不过大家也不要觉得提出地心说的托勒密是一个傻子，托勒密发现的平面几何中关于圆的内接四边形的定理，也可以算是数学界的天籁之声。

在哥白尼关于日心说的工作之后，丹麦的天文学家第谷（Tycho Brahe）也开始了天文观测。他出身于贵族世家，是一个有钱进行天文观测的人士（当时的天文望远镜很贵，只有贵族才玩得起）。而且第谷年轻的时候与人斗殴，被砍掉半个鼻子，所以他在脸上安装了半个金鼻子，长相显得非常怪异。

第谷夜观天象，把他观测到的行星的运动数据记录了下来，整理了一套看上去杂乱无章的天文观测大数据。这套大数据包含了火星与木星等星体的轨道半径与运行周期等。在第谷死后，这套数据最后保留给了他的助手，一个叫开普勒的人。但有人说第谷本来好像是想把这套大数据传给自己的女婿的。那么为什么第谷要把这套大数据留给开普勒呢？

按照我们现在的理解，有了大数据，还需要能够进行深度学习的算法，才可以做成人工智能。而开普勒就是那个人工智能。开普勒是在合适的时间合适的地点出现的最合适的那个人。

但其实开普勒的一生是相当潦倒的，一切都充满了不幸。他幼年体弱多病，一只手有点残疾，而且他的视力衰弱，妻死子病家徒四壁，他的母亲还曾被指控施行巫术而遭到拘禁。因此虽然他有深度学习的能力，是当时的"人工智能"，但他终生贫困交加，不得不靠占星卜命维持生活。在 1630 年，他几个月领不到薪水，经济困难，不得不亲自前往雷根斯堡的基金会索取，在那里他突发高烧，几天后在贫病交困中去世。他去世的时候，觉得非常对不起自己的孩子，因为他把一生的精力全花在研究天文学和写书出版之上了。他在出书的时候，据说第谷的女婿还给他写了一篇序文，这篇序文有一个特点，就是通篇大骂开普勒剽窃第谷的成就。这样的书是很奇异的。

虽然生活苦难，但开普勒依旧是哥白尼的信徒，他坚信日心说的正确，但也没有盲从哥白尼认为行星轨道是正圆形的见解。通过对第谷的天文大数据的处理，他用"人工智能"的方法得到了 3 个行星运动定理。

第一个定理是很重要的，他认为行星（地球）运动的轨道不是一个正圆，而是一个椭圆，太阳位于椭圆的一个焦点之上。实际上他没想到，未来会表明，一个封闭的椭圆是一件过于唯美之事，因为根据爱因斯坦的相对论，轨道会有进动，我们无法得到一个封闭的椭圆。

第二个定理异常强大，他几乎用肉眼观察出角动量守恒定理，这条定理说的是行星（地球）矢径在单位时间扫过的面积相同。

第三个定理的发现似乎可以说是上帝的旨意，因为要从一组数的三次方和另外一组数的平方中看到不变量，依靠平凡人的眼睛往往不够。这个定理说的是行星运动周期的平方和轨道半径的立方成正比。这个定理表明，开普勒就是他那个时代的阿尔法狗（AlphaGo），是一个计算能力超群的人工智能。

这三个定理，后来帮助牛顿得出了万有引力定律。万有引力定律的出世，其实来自于开普勒对数据的千万次摸排。开普勒的视力不好，相比第谷，他显然不擅长天文观测，但他的确具备从复杂数据中提炼出物理规律的神奇能力。这往往是一种能够从天上看到人间的神奇天赋。

3. 有个朋友是教皇——伽利略宣传日心说。

由于宣传哥白尼的日心说，伽利略在 1616 年受到宗教裁判所的警告。他被迫答应停止做这类宣传。

伽利略（1564—1642），出生于意大利比萨，他出生的时候，意大利文艺复兴三杰之一米开朗琪罗刚去世，而且他与英国的莎士比亚同年出生。与莎士比亚一样，伽利略也有一颗"七窍玲珑心"，他从小就喜欢思考而且很有商业头脑。17 岁时他进入比萨大学念医学。在他的学生时期，他通过观察教堂圆形天花板上的吊灯的摆动，发现了钟摆的时间周期只与摆线的长度有关，而与摆角和摆锤的质量无关（当摆角 a 小于 5 度时，a≈sin a），这真是一个出人意料的发现，简直可以作为上帝存在的明证。

伽利略大学毕业以后，在大学里当教授，同时还做一些发明创造进行创业。他发明了温度计与天文望远镜，而且还发明了军用圆规，可以计算炮弹的弹道。这些产品都可以卖钱，作为一个产学研一体化的优秀代表，他变得富裕起来。

伽利略用他发明的天文望远镜仰望星空，发现了天体运动的规律，他看到了木星绕太阳旋转的图景，还看到了木星的四个卫星。为了拍马屁，伽利略把他发现的木卫四命名为美帝奇星，因为美帝奇家族是当时意大利最富裕的豪门。于是，这个家族就给了伽利略一个首席科学家的职位，长期给伽利略发工资。

到了 1623 年，人生赢家伽利略的一位好友当上了教皇。这是一个很好的机会，伽利略觉得与教皇的私人友谊可以保护自己，于是他就贸然出版了宣传日心说的《关于托勒密与哥白尼两大世界体系的对话》——因为他有天文望远镜的观测结果，所以实验上确实可以证明日心说是对的。在这本有名的著作中，伽利略不但宣传了日心说，而且还阐述了运动相对性的思想，即所谓的伽利略相对性原理，也就是"参考系相互变换的原理"。

这本书的出版本来是没什么大事的，因为教皇确实可以保护伽利略这个朋友。但教皇作为领导，当时因为内部政治也有自己的苦衷，最后只能牺牲伽利略与其他政治势力妥协。于是误判了形势的伽利略受到宗教裁判所的审判，在 1633 年被判终身监禁，度过了生命的最后十年。

本来，威尼斯共和国是可以保护伽利略不受宗教审判的。但是，在共和国里必须做公众要你做的事情才能拿到钱，不能随心所欲地搞研究。而在独裁的君主国里,只要君主对科学或对伽利略本人感兴趣,他也可以很容易地拿到钱,只搞自己想搞的科学研究。在这种诱惑下,伽利略从威尼斯共和国迁居到佛罗伦萨大公国。等到出事了,罗马教廷要审判伽利略,佛罗伦萨大公却未能保护这位意大利人民优秀的儿子。伽利略不得不去受审。体弱多病的伽利略被用担架抬到罗马,他被迫跪在法庭上做了如下的"认罪"声明:

"我,伽利雷·伽利略,佛罗伦萨人温森基奥·伽利略的儿子,年70岁。我被带来受审,跪在您——最杰出最尊敬的红衣主教和全世界基督教国家反对异端堕落的宗教法庭庭长面前,面对着福音书,用我自己的手按着它宣誓:我一直相信,并且在上帝的帮助下将来也相信罗马天主教圣公会所主张、训导和传布的每一条教义。我已接受宗教法庭的命令,完全放弃我认为太阳是中心并且不动这一虚妄的观点,决不以任何方式坚持、辩解和教授上述荒诞无稽的学说……我希望从您阁下和每个天主教徒的头脑中,消除对我当然抱有的强烈怀疑。因此,我以一颗真诚的心和诚实的信用,发誓公开放弃、诅咒并嫌恶上述的谬见和异端邪说,乃至其他一切反对教会的异端邪说;我还发誓,将来无论在口头上或文字上决不说也决不主张任何可能对我产生类似怀疑的话;此外,如果我知道任何人是异教徒或怀疑任何人是异教徒,我一定向宗教法庭或向当地宗教法庭法官和大主教检举告发。而且我发誓并保证,我一定履行并完全遵守宗教法庭现在或将来加诸于我的全部赎罪苦行。我对我上述保证、誓言和声明若有丝毫违背,我甘受神圣的法典和其他针对这种罪过的一般法令与专门法令对我判决宣布的刑罚惩处(天亦厌之!)。我的的确确按着我手中的福音书发誓,我,上面报过姓名的伽利略,已经像上面所说的那样公开弃绝邪恶，并保证约束自己，作为其证据，这是我亲手在这份誓绝书上的签名画押，我当众逐字逐句地宣读了它。"

在宣判并签字认罪后，双目失明的伽利略一直被软禁在佛罗伦萨附近的一个别墅中（教皇安排的，生活待遇还是很好的，就是不太自由，因为教皇只是想让伽利略闭嘴，不要再胡说八道，但不想要了他的命），直到1642年1月8日去世。应该说，作为囚犯的老伽利略并未完全屈服，他于1638年在荷兰秘密出版了另一本名著《两门新科学》。

伽利略是那个黑暗时代的先知，同时是英雄时代的伟大导师，他聪颖过人，心比天高，这一点可以从他的一个思想实验里看出来。这个思想实验是用来说明自由落体运动的。虽然据说他后来也在比萨斜塔亲自做了这个实验，但他的思想实验却似乎更加可信，甚至不能辩驳。他说："不考虑空气阻力，轻的东西将和重的东西同时下落，它们将同时落地。因为假如亚里士多德是对的，重的先落地，而轻的后落地，那么，倘使我在它们两个之间连一个无质量的刚性细绳，可以想见，总质量大于它们两个的单独质量，于是，按照亚里士多德的观点，这个整体将落得更快。但事实上，轻的东西一定会拖重的那个的后腿。于是这就自相矛盾。可见，亚里士多德是错误的，轻的东西和重的东西一样，必然时刻保持相同的速度，它们会同时落地。"

这个思想实验使人们了解了自由落体运动的思想精髓。自由落体成为相对论初期研究的一个专门武器，后来的爱因斯坦据此思考出了等效原理。

4. 上帝说让牛顿干吧。

与莎士比亚一样，牛顿也诞生在英国，他出生的这一年恰逢伽利略逝世。圣诞节那天，牛顿出生在一个英国农民的家庭中。牛顿是一个遗腹子，从小体弱多病，腼腆，学习也不好，各方面都缺乏自信心。有一次班上的一个"小霸王"欺负他，踢了他肚子一脚。剧烈的疼痛激怒了小牛顿，他奋起反击，终于把那个孩子揍了一顿。体力上的胜利，大大提高了他的自信心。牛顿在学习上也奋发起来，经过艰苦努力终于成为全班学习成绩最好的学生之一。18岁那年，白衣飘飘的年代，牛顿考入剑桥大学三一学院。从此以后，牛顿开始了他开挂的人生。

1665年，23岁的牛顿取得了学士学位。就在这一年的夏天，英国暴发了大规模瘟疫，牛顿不得不避居乡下，在乡间生活了一年半（1665-1666年）。这一段在乡下的岁月，是牛顿创造力最旺盛的时期。牛顿一生中的重要成果遍及力学、光学、数学、哲学等许多领域，但他几乎所有重要的数学物理思想都诞生于这一时期。按照牛顿本人的说法，力学三定律、万有引力定律、微积分、色散理论等，都是在这一时期构思而成。瘟疫过去以后，牛顿回到母校工作。他26岁成为剑桥大学的教授，30岁成为英国皇家学会的会员。

牛顿站在开普勒与伽利略的肩膀上得出万有引力定律的故事大家已经很熟悉了——那就是牛顿在苹果树下看到苹果落地得到启发的故事。这个故事其实起源于一个叫伏尔泰（Voltaire）的法国大作家，他也曾经研究了牛顿的事迹，现在关于牛顿和苹果落地的这些故事，多数也是出自他的手笔。现在在剑桥和在牛顿的乡下老家，还有两棵备受政府保护的苹果树——至于到底是哪棵苹果树上的苹果砸过牛顿，现在已经说不清楚。

我们来说一下后来牛顿是怎么完整推出万有引力定律的吧，

因为本书的内容与广义相对论有关，而广义相对论其实是一个关于万有引力的理论。

在牛顿生活的时代，开普勒关于行星运动的三条定律是所有对天文学有兴趣的科学家都知晓的。当时有不少人，比如发现哈雷彗星的哈雷（Edmond Halley）与发现弹簧的弹性定律的胡克都有一定的数学功底，他们从开普勒第三定律（行星轨道半长轴的立方与行星运动周期的平方成正比）可以推出，行星受到的太阳引力应该与距离的平方成反比。但当时不清楚的是，这种平方反比性质的力，能否使行星按椭圆轨道运动，即按开普勒第一、第二定律运动。

1684年，在一次讨论中，胡克自称他能证明这一点，但他不愿公布。于是，哈雷跑去找牛顿。牛顿说他已给出了"行星运动轨道是椭圆"的证明，哈雷希望看一看证明稿，牛顿当场未能找出来，但答应再算一遍给哈雷看。不久，哈雷收到了牛顿寄来的9页长的论文，这篇论文没有题目，后人将其称为《论运动》。在这篇论文中，牛顿从平方反比的中心引力导出了开普勒三定律。接着，牛顿在另一篇论文《论物体的运动》中，提出中心引力不仅与距离的平方成反比，还应与物体的质量成正比。这样，万有引力定律的数学形式就大体上确定了。

为什么牛顿能做到这个呢？这主要还是要归功于牛顿强大的数学功底，他自己发明的微积分在万有引力证明椭圆轨道的存在性中非常有用，而这种数学功底是哈雷与胡克所没有的。

但是，牛顿的万有引力定律其实是不对的。因为这是在平坦背景空间上发生的瞬时超距作用，也就是说，假如现在太阳突然消失，那么地球马上就会因为惯性摔出去——这是离心现象。万有引力是一种瞬间的相互作用，你在椅子上挪一下屁股，遥远的织女星都能瞬间感受到你挪了屁股，你说这奇怪不奇怪。而且，牛顿第一定律定义的惯性参考系是一种逻辑的循环，而一旦惯性系说不清楚，牛顿第二定律也就说不清楚，因为牛顿第二定律只在惯性系里才能成立。而牛顿的这两个基础性定律如果说不清楚，那么他的万有引力定律的基础就出了问题。所以，这就需要后来的爱因斯坦广义相对论来对牛顿的万有引力进行修正。

由于牛顿对科学研究持比较谨慎的态度，他的研究成果大都没有立即发表，而是经过反复思考才逐渐公布于世。经过好友哈雷的一再劝说，他终于在 45 岁（1687 年）时，出版了自己的划时代巨著《自然哲学之数学原理》。而其《光学》一书则一直拖到他 65 岁时才出版。

《自然哲学之数学原理》一书被看作是经典物理学的《圣经》。这本书的内容包括：绝对时空观、惯性系、相对性原理、力学三定律、万有引力定律和迭加原理（平行四边形法则）。

在《自然哲学之数学原理》一书中，牛顿阐述了万有引力定律。前面已经说过，有一些故事说，牛顿年轻时在乡下躲避瘟疫，由于看到苹果从树上落下，启发他发现了万有引力定律，这可能是缺乏证据的。因为如果说他那时候就得出了万有引力定律，而万有引力定律的发表时间却是在 22 年以后的 1687 年，这中间间隔的时间太长了。

据牛顿的亲属说，牛顿晚年时曾谈起这个苹果落地的故事。据我们分析，那很可能是为了与胡克争夺万有引力定律的发现权，牛顿故意把自己发现此定律的时间说得早一些。比较可信的是，万有引力定律的发现经历了一段时间。牛顿自己也说过，他发现此定律"靠不停地思考"。在长时间的思考中，牛顿逐渐认识到，地球吸引地表物体的重力（即吸引苹果使之落地的力），与地球吸引月球的力，以及太阳吸引行星的力，是同一种力。这种力是任何物体、任何物质都有的，因而是万有的。这是人类认识上的一个重大飞跃。在1687年出版的《自然哲学之数学原理》中，牛顿终于明确地提出了万有引力定律。万有引力定律和力学三定律一起，构成了此书的主要内容。

1682年，一颗明亮的彗星出现在天空。哈雷应用牛顿的万有引力定律和力学三定律，算出了这颗彗星的轨道和周期，周期约为75年。从而证实历史上多次出现的大彗星是同一颗。于是，这颗彗星被命名为哈雷彗星。哈雷预言，这颗彗星还将出现。75年后，当哈雷彗星的光辉再次闪耀地球的时候，万有引力定律得到了举世公认。

1727年，牛顿这位思想界的巨擘辞世，文豪伏尔泰参加了葬礼。牛顿84岁离开人世，为他抬棺材的是两位公爵、三位伯爵以及一位大法官。伏尔泰是这样描述的："他是像一位深受臣民爱戴的国王一样被安葬的。在他之前，没有哪一位科学家享受如此殊荣。在他之后，如此厚葬的也将是屈指可数。"苹果落地的故事，也最初出现在伏尔泰的文章里，因此伏尔泰是这个故事的原创者。

牛顿去世后不久，诗人蒲柏（Alexander Pope）总结了世人对牛顿的评价，说："自然规则在黑暗里，上帝说，让牛顿干吧！于是一切大放光明。"

5. 牛顿水桶。

在牛顿的《自然哲学的数学原理》一书中，牛顿用旋转水桶实验论证绝对空间的存在——这是一个宏大的惯性参考系，在牛顿的心目中，这个宏大的惯性参考系为所有机械运动提供了运动的舞台。后来到了电磁学的时代，人们把这个宏大的惯性参考系取了一个名字，叫作"以太"。不幸的是，宏大的惯性参考系在物理上是不存在的，但是牛顿当时的洞察力还无法知道这一点，他虽然很牛，但也无法超越他的时代，这需要后来的爱因斯坦来完成。

牛顿在他的书中描述了一个装满了水的旋转的水桶，他认为旋转水桶中水面形状由平变凹，是由于水相对于绝对空间做加速运动而受到惯性离心力作用的结果，水面变形正说明了绝对静止空间的存在。

前面已经说了，牛顿提出的这种非常宏大的绝对静止的惯性参考系，是他的理论的安身立命的所在，换句话说，牛顿靠这个吃饭。（但是，在现代的相对论学家看来，牛顿提出的是一个整体的惯性系。而实际上，这种整体的惯性系并不是真实的物理。在广义相对论中，可以有局部的惯性系，也就是说，我们可以在时空的一个点上谈论惯性系。）牛顿看到水面的弯曲，他认为这是相对于绝对空间运动（整体的惯性参考系）而引起的。这一朴素的思想在当时没有人敢怀疑，因为与牛顿争论具有高度的风险性，胡克就是前车之鉴——胡克曾经与牛顿争论过一些万有引力规律发现的优先权，后来被牛顿批判得一无是处。通过牛顿水桶的思想实验，牛顿认为存在绝对的空间和绝对的时间。牛顿写道：

"绝对空间，就其本性而言，与任何外部事物无关，它总是相同的和不可动的。相对空间是绝对空间的某个可动的部分或量度……"

"绝对的、真实的和数学的时间是自身在流逝着，而且因其本性均匀地、与任何外部事物并不相关地流逝着，它又可以叫作延续性。相对的、表观的和普通的时间是延续性的一种可感知的、外部的（无论是准确的或不均匀的）借助运动来进行的量度，我们通常就用它来代替真实时间，例如一小时、一个月、一年。"

总之，牛顿认为绝对空间和绝对时间是客观存在的、与运动和物质无关的东西。物体就在这空虚的绝对空间之内，就在这均匀流逝的绝对时间之中，永恒地运动着。牛顿水桶其实刻画的是一种时空背景。牛顿在《自然哲学之数学原理》一书中，还定义质量为物质的量。同时又说"惯性"与质量是成正比的。关于质量的这些提法，意义非常深远。然后，牛顿还定义了动量、力等基本概念。他还阐述了著名的力学三定律。

首先，牛顿继承伽利略和笛卡儿的思想，认为力不是维持物体运动的原因，而是改变物体运动状态的原因。他给出第一定律即惯性定律：不受外力的物体将在惯性系中保持静止或匀速直线运动的状态不变。

接着，他又给出第二定律，说明力、质量和运动之间的定量关系：物体的加速度与它所受的外力成正比，与它的质量成反比。或者说，物体动量对时间的改变率正比于它所受的外力。

牛顿第三定律则指出：两个物体间的作用力和反作用力大小相等，方向相反，作用在一条直线上。

这三条定律是经典力学的基础。后来，拉格朗日（Joseph-Louis Lagrange）、哈密尔顿（William Rowan Hamilton）等人对经典力学进行形式上的改造，大规模应用微积分，排斥初等几何，力学被写成了更高级的形式，但物理学的实质内容没有超出牛顿的框架。

牛顿用这个水桶思想实验定义了一个遍布全宇宙的宏大的惯性参考系（也就是一个绝对静止的空间，简称为绝对空间）。牛顿水桶里的水面为什么会弯曲，在牛顿看来，这是因为水桶相当于惯性参考系（绝对空间）在旋转。

当然，并不是所有人都同意牛顿的观点。200年后，有一个哲学家叫马赫，他在1883年出版的《力学史评》一书中写道："牛顿的旋转水桶实验只是告诉我们，水对于桶壁的相对旋转不引起显著的离心力，而这离心力是由水的转动让地球及其他天体质量的相对转动所产生的。如果桶壁愈来愈厚，愈来愈重，直到厚达几英里时，那就没有人能说出这实验会得出什么样的结果。"在马赫看来，根本不存在绝对空间和绝对运动，物体的运动是相对于宇宙中天体的运动；物体的惯性是宇宙中所有天体作用的结果，撤掉一个物体周围的所有其他物质，则无法去判断它做什么运动，因而它也就不再具有惯性。这就是马赫原理。

牛顿认为，一个旋转水桶里面的水面是弯曲的，为什么弯曲？牛顿认为这是因为旋转起来的水桶是一个非惯性参考系，所以水面必须是弯曲的。这个理论看起来好像是对的，但却是鬼打架的理论，为什么？因为你怎么知道旋转起来是非惯性参考系？因为那水桶相对于自己并没有旋转啊！所以在水桶参考系看来，自己并没有旋转，水桶是静止的。因此，牛顿的这个观点显然是自欺欺人的，说服力不强。总之，牛顿认为，旋转的水面弯曲，是因为受到了惯性力的作用。惯性力是一种虚拟力，并不是真实

附录二

225

存在的。马赫的观点与牛顿不同，马赫认为，旋转水桶里的水面之所以会弯曲，是因为来自远方星体对水面的引力拖曳。也就是说，当水桶旋转起来的时候，远方的星星对水面有引力的作用，这个作用会引起水面的凹陷。在这里，引力是真实的，并不是像牛顿说的那种虚拟的惯性力。

爱因斯坦对牛顿的观点与马赫的观点都很熟悉，他是和稀泥的一把好手。爱因斯坦说："好吧，其实牛顿也是对的，马赫也是对的。惯性力与引力在本质上是等价的，两者根本就不可区分。"因此，爱因斯坦在这个基础上得到了广义相对论的基本思想，也就是说不存在整体的惯性系，所谓的惯性力本质上与引力是一样的，这其实也就是等效原理。在这一点上，我们是很佩服爱因斯坦的，爱因斯坦的水平之高，在于他和稀泥的水平很高，而且很有说服力。

# 霍金的三大物理贡献

霍金至少发现了三个物理定律，可以流芳百世。

第一个定理是黑洞面积不减定理。这条定理一开始是一个纯几何定理（严格来说，霍金对定理的证明用到了一些限制条件，比如要求时空渐近平坦等，但定理的证明过程对于有引力波存在的时候也是成立的）——在不考虑量子力学的情况下，黑洞的面积只会增加不会减少。这个定理也可以从后来的黑洞熵研究中得到启迪，因为黑洞的面积其实就是黑洞的熵，而一个封闭系统的熵总是增加的（这就是热力学第二定律），所以从这里也可以看出黑洞面积不减定理其实等价于热力学第二定律。如果用 S 来表示黑洞的面积，那么霍金的黑洞面积不减定理在理论上要求 S1＋S2＜S3。黑洞面积不减定理在 2016 年 LIGO（激光干涉引力波天文台）发现引力波的过程中与实验是符合的。实验表明，在两个小黑洞碰撞并合成一个大黑洞的过程中，大黑洞的面积不小于碰撞之前的两个小黑洞的面积之和。这说明霍金的面积不减定理是经得起实验检验的。因此，如果有大量的黑洞碰撞并合的引力波数据，黑洞面积不减定理就能够不断被证实。

可以大致解释一下为什么LIGO第一次发现的引力波可以验证黑洞面积不减定理。LIGO第一次发现引力波的文章中提到其数据拟合给出两个初始小黑洞的质量分别为29倍和36倍太阳质量，两个小黑洞碰撞并合放出引力波后变为质量为62倍太阳质量的大黑洞。

那么，如何来证明这件事情满足霍金的黑洞面积不减定理的理论要求 S1+S2<S3 呢？为了方便理解，可以假设这三个黑洞都是球对称的黑洞。对于球对称的黑洞，其黑洞的面积与球面的面积一样，都与半径的平方成正比。对于最简单的球对称黑洞（也就是不带自转的史瓦西黑洞），黑洞的半径 r 与质量 M 的关系如下：

$$r=\frac{2GM}{c^2}$$

G 是牛顿引力常数，c 是光速。从上述公式可以看出，黑洞的质量正比于半径，而黑洞的面积正比于半径的平方，所以，黑洞的面积正比于黑洞质量的平方。因此，我们有如下重要结论：虽然 29+36>62，但是 $29^2+36^2<62^2$。

这就是黑洞面积不减定理（在爱因斯坦引力方程的控制下，多个黑洞的演化满足此定理）。这个结论其实类似于勾股定理。所以，LIGO 看到的 65 变成 62 放出 3 个太阳质量的引力波能量的事情并不违背霍金的黑洞面积不减定理。这也是霍金可以得诺贝尔物理奖的原因。

霍金发现的第二个定理是奇点定理。关于这个定理，读者们也许可以参考霍金的专著。霍金在人间留下的不只是《时间简史》这本科普书，其实霍金在年轻的时候还写过一本广义相对论的专著《时空的大尺度结构》（与艾利斯合作）。在《时空的大尺度结构》这本书中，霍金在书的前面章节分别介绍了微分几何与广义相对论。随后他介绍了黎曼曲率张量的物理意义——主要是介绍黎曼曲率对类时测地线与类光测地线的汇聚作用。而测地线的汇聚是一种很重要的物理现象，比如在地球仪上，地球上的所有经线都是测地线，但这些测地线在南极与北极是汇聚的。这些汇聚点被叫作"共轭点"。霍金与彭罗斯在研究测地线的汇聚的时候，在印度学者瑞查德胡里的方程的基础上，证明了著名的"奇点定理"。

"奇点定理"告诉我们，在不苛刻的物理条件下，时间受到引力场的作用，总可以自发产生一个"奇点"，而这个奇点有重要的物理意义：它要么表示时间开始的地方，要么表示时间结束的地方。

所以，虽然现在的科学家无法解释为什么宇宙要发生大爆炸，但科学家们已经建立了一套语言体系，在这个语境中，宇宙开始于一个奇点，而奇点也是时间开始的地方——那大约发生在137亿年前。霍金解释了宇宙开始于奇点，虽然他也无法解释为什么宇宙要启动大爆炸之旅。

霍金提出的第三个定理是黑洞的热辐射定律。除了"黑洞面积不减定理"与"奇点定理"，霍金的这一学术贡献与带有量子色彩的黑洞有关。霍金证明了一件很奇特的事情：如果考虑量子力学，那么黑洞不是黑的，黑洞会发光。黑洞发出来的光，被称为"霍金辐射"。霍金辐射被认为是联系量子力学与广义相对论的纽带，它的物理意义在于，它告诉我们黑洞并不是一个死气沉沉的永恒的物体，也是会因为辐射而演化的。而且，霍金辐射是未来所有量子引力理论都必须满足的一个推论，也是任何量子引力理论正确性的判据。

　　以上就是霍金的三大物理贡献。

# 【尾　记】

1999 年，当我在浙江春晖中学上高中的时候，我拜读了霍金的《时间简史》。那时候的我并不会知道，未来我的人生会与霍金产生交集。我当然也不可能知道，在 20 年后的今天，我将与赵峥老师一起，写出一本《〈时间简史〉导读》。

霍金是一个伟大的科学家，他以《时间简史》等科普作品为大家所熟知，他身残志坚的科学家形象也获得了普罗大众的尊敬与仰望。当然，也有一些人因为对霍金不了解，觉得他的科学成就不高，这是一个极大的误解——这个世界也许欠霍金一个诺贝尔奖。

本书的附录 3 介绍了霍金的三大物理贡献。在这个意义上，霍金虽然未必在科学上有爱因斯坦那么大的贡献，但霍金的贡献肯定也超过了某些诺贝尔奖得主。盖棺定论地说，霍金的思想成果丰富而深邃，他对时空结构的研究直追爱因斯坦，他可以说是继爱因斯坦之后最伟大的相对论专家之一。

【尾　记】

霍金曾经来过中国三次。

第一次是在 1985 年，他来北京的时候访问了北京师范大学，当时刘辽先生、赵峥先生、刘兵先生等人还在北京师范大学物理系门口与霍金有一张合影（见下图）。在这期间，北京师范大学的研究生们把霍金抬上了长城。

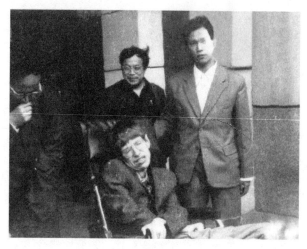

左起：刘辽、霍金、赵峥、刘兵

2002 年，霍金曾经来中国参加过国际数学家大会。在这期间他在浙江大学做了名为《膜的新奇世界》的科普报告。

2006 年，霍金第三次来中国，我有幸在北京友谊宾馆的一个小型会客室里近距离与霍金交流，当时我是一个在北京师范大学理论物理专业读书的研究生，因为这件事情，我第一次上了电视（湖南卫视的新闻节目）——当时的会面场景一直铭刻在我的脑海里，我也有当年李政道回忆爱因斯坦接见自己的时候的那种激动心情。因此，虽然霍金已经去世一周年了，我还是依然能想起他、怀念他。

左起：张轩中、霍金

在本书写完以后，也正值霍金去世一周年。我想我们不但要追忆他的学术贡献，回望他在中国的故事，更要缅怀他身上涌现的科学精神。因为假如科学要在中国成为文化的一部分，需要有霍金这样的明星科学家的出现。

本书的出版，也许也能帮助科学融入中国社会文化起到一点小小的作用。在这里我要感谢赵峥老师在我毕业以后的很多年里，对我的悉心指导与帮助，赵峥老师在我心目中是一个传统的知识分子，关心国家的发展，也爱护年轻的学子，同时有很深的学术造诣。

我要感谢相对论领域的各位老师，尤其是梁灿彬、陈雁北、万义顿、刘文彪、曹周键、高思杰、马永革、张宏宝、周彬等老师曾经带给我的相对论教学或者有益的讨论，没有他们，这本书是写不出来的。我还要感谢曾经与我多次讨论物理的黄宇傲天，与他的讨论也带给了我很多启迪。

【尾　记】

233

我还要感谢在我最困难的人生阶段帮助过我的几个人，尤其是上虞影艺的任小娟与北京普析的田禾。我还要感谢母校春晖中学的李培明校长让我参加春晖讲座的一些活动，感谢母校北京师范大学物理系刘卫荣老师在 2019 北京师范大学物理系物理文化节上通知我去参加讲座，感谢中国科学院大学乔从丰教授邀请我参加国科大雁栖论坛与王贻芳院士等人畅聊高能对撞机，感谢罗会仟副研究员安排我参加中科院物理所苹果树论坛，感谢丘成桐先生曾经单独约见我聊天，让我有机会聆听大师的教诲……这些讲座与活动让我做的科普工作有了意义。

　　最后，人到中年的我希望这本书对年轻的学生有益，希望大家有科技报国的情怀，学好物理学，顺便看懂《时间简史》。所以，我希望我的儿子张轲能看懂这本书，学会理解我们的宇宙，当然也希望他能慢慢学会理解他的父亲。我也希望我的父亲张月康能保重身体，虽然他不能看懂这本书，但我感激他对我的养育之恩。

张轩中